U0187635

储藏生命：动物博物馆

荒漠动物：坚韧的赞歌

鹰隼空间：天空的王者

哺乳动物： 恒温的生命

中华鲟：水中大熊猫

沼泽地带：涉禽的乐园

百鸟和鸣：灵动的韵律

雨林动物：欢腾的世界

动物世界
掠影

黄惠涛　杨金达　编著

群言出版社
QUNYAN PRESS
·北京·

图书在版编目（CIP）数据

动物世界掠影 / 黄惠涛，杨金达编著. -- 北京：群言出版社，2022.12
ISBN 978 - 7 - 5193 - 0781 - 3

Ⅰ. ①动… Ⅱ. ①黄… ②杨… Ⅲ. ①动物－普及读物 Ⅳ. ①Q95-49

中国版本图书馆 CIP 数据核字（2022）第 221338 号

策划编辑：李　群
责任编辑：陈　芳　张　程
封面设计：李士勇

出版发行：群言出版社
地　　址：北京市东城区东厂胡同北巷 1 号（100006）
网　　址：www.qypublish.com（官网书城）
电子信箱：qunyancbs@126.com
联系电话：010 - 65267783　65263836
法律顾问：北京法政安邦律师事务所
经　　销：全国新华书店

印　　刷：北京柏力行彩印有限公司
版　　次：2022 年 12 月第 1 版
印　　次：2022 年 12 月第 1 次印刷
开　　本：880mm×1230mm　1/32
印　　张：11.25
字　　数：240 千字
书　　号：ISBN 978 - 7 - 5193 - 0781 - 3
定　　价：48.00 元

编　委　会

主　编　黄惠涛　杨金达

编　委（以姓氏笔划为序）
　　　　王美娟　沈　帆　杨金达
　　　　胡　静　黄惠涛　董　清

前　言

　　《动物世界掠影》和江苏省前黄高级中学动物博物馆相互辉映，如宝石与星辉，如牙板与清歌。

　　省前黄高级中学动物博物馆始建于1954年，60多年来，从生物教具室、标本室、标本馆到动物博物馆，规模渐巨，气象日盛。博物馆以动物进化历程为主线，以文字介绍及图片、化石标本、动物标本为展示手段，汇聚了1800多种动物物种和3300多件标本。基本陈列包括无脊椎动物、鱼类、两栖类、爬行类、鸟类和哺乳类六大类，其中国家重点保护动物133种，中华鲟、恐龙蛋、东北虎、金丝猴等珍品琳琅满目。

　　省前黄高级中学动物博物馆是伟大生命与审美艺术的高度统一。走进动物博物馆，犹如走进异彩纷呈的动物世界，林林总总的标本逼真地展示各自的生命姿态，既是对生命神奇的讴歌与敬畏，也是对自然规律的展示与探寻。这些标本也是上好的艺术品，启发观赏者的审美意象，提高审美能力，让人获得知识的同时得到全身心的审美享受。这里不仅是生命教育的基地、环保教育的平台，更是审美艺术的殿堂。

省前黄高级中学动物博物馆是先进技术和现代理念的完美结合。大量的动物生态景观背景，突出了动物与其生存环境的密切关系，会让参观者产生一种身临其境的感觉。多媒体及网络技术的运用，更是加强了与参观者的积极互动。建设体现了生态性、开放性、人文性和互动性，渗透了人与自然和谐发展的理念。这里不仅是生物教学的课堂、科学教育的阵地，更是传播理念的窗口。

省前黄高级中学动物博物馆是历届师生进取意识和奉献精神的壮丽升华。杨继震老师把握先机，初创生物教具室；陈永和老师秉承其志，建设标本馆；黄惠涛校长集其大成，终成动物博物馆。动物博物馆是省前黄高级中学历代师生的心血结晶，许多老师以毕生之力投注其中，孜孜以求，苦心经营，对动物博物馆的建设做出了巨大贡献。他们热忱事业、无私奉献的精神永为后学景仰。

省前黄高级中学动物博物馆蔚为壮观，美名远扬。1995年5月，国家教育委员会副主任柳斌参观后盛赞："全国没有哪一所高中学校的动物标本馆可以与前黄中学的相媲美。"1996年1月，中国教育电视台以"江苏省武进市前黄中学创建一流动物标本室"为题对其做了全面系统的报道。1998年9月，动物标本馆被江苏省教委、省科协联合命名为"江苏省青少年科技教育示范基地"。2000年12月，其被江苏省环保厅命名为"江苏省环境教育基地"。2009年7月16日，中央电视台综合频道（1套）也赶赴省前黄高级中学拍摄标本馆，记者们用一个词形容他们的感受，那就是"震撼"。2011年，立足于动物博物馆的江苏省"环境·生命"生物课程基地更是被《江苏教育报》《江苏电视台》等广泛报道。

基于省前黄高级中学动物博物馆，黄惠涛和杨金达两位老师编写了《动物世界掠影》一书，馆与书如双璧，相得益彰。

本书是丰富多样的自然大观。每篇着重介绍动物的一个到两个特性，并结合仿生学介绍人类对此特性的利用与开发，可以让读者真切地感受对生命的敬畏之情，使青少年的心灵得到洗礼，精神得以升华，感情更为丰富。

本书是情趣盎然的动物故事。每一篇都是一篇通俗易懂、生动有趣的动物故事，哲理内蕴，熔科学性、知识性与趣味性于一炉，图文并茂，深入浅出，可以让读者潜移默化地懂得许多生活的道理。

本书还是文质兼美的散文范本。本书简练雅致，追求语言的生动，强调情怀的纯真和精神的高贵。让人享受到的是自然的趣味、高雅的格调，体验的是蓬勃的诗情和生命的厚度。

省前黄高级中学动物博物馆是学校办学精神、办学理念和校园文化的物化凝练；《动物世界掠影》是演绎生命之灵、教育之功、文学之美的灿烂舞台。两者完美呼应，与世间的精灵邂逅，向美好的生命致敬，是对"构建深度学习场域，促进高中生物学科育人"项目的推进，同时进一步丰厚了省前黄高级中学的文化内涵，也为学校的高品质示范高中建设谱写了新的篇章！

杨九俊*

2022 年 5 月 16 日

---

* 杨九俊：江苏省教育学会名誉会长，江苏省教育科学研究院研究员，特级教师，苏教版高中语文教材主编，统编版高中语文教材分册主编。

目 录

一、吞噬垃圾的蚯蚓

蚯蚓是一种很不起眼的小动物。人们大都认识它。生活在农村的孩子常常用它来做饵，钓鱼、钓黄鳝少不了它。

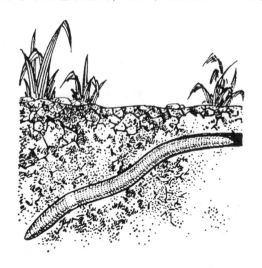

蚯　蚓

蚯蚓是环节动物门寡毛纲陆栖无脊椎动物。世界上蚯蚓约有 4000 多种，我国约有 306 种。最大的蚯蚓是澳大利亚的巨蚓，体长达 123 厘米，很像一条长蛇。我国最大的蚯蚓是巨环毛蚓，体长达 70 厘米。蚯蚓身体分节但不分区，疣足退化，体表具刚毛。身体呈长圆形，像个两端略尖的长圆筒子。它的消化管子包括口腔、咽头、食道、嗉囊、胃、直肠等部分，仿佛是套在大圆筒里的一个小筒子。最前端是一个红色的肉球，肉质肥厚，叫作口前叶，具有很强的伸缩力。后面是口腔，没有锋利的牙齿，但有许多皱褶，可以自如地翻出口外。口腔内还有嗅觉器和味觉器，可以帮助它觅食和逃避敌害。口前叶和口腔也是蚯蚓的掘土工具，蚯蚓用它们来吞食泥土和食物，泥土和食物经过咽头，掺和了咽腺的分泌物，湿润黏稠，并进行初步消化，到达砂囊，囊壁上强韧肌的收缩和内面角质膜的摩擦，将食物和泥土磨碎，然后进入胃肠，再次进行消化吸收后，便将食物残渣和泥土由肛门排出体外。蚯蚓的生活十分俭朴，有什么吃什么，无论是枯枝败叶、腐草废纸，还是动物的粪便，都是它的佳肴。遇到动物的尸体或鱼虾的下脚料，它吃起来更加鲜美。蚯蚓处处有口粮，处处可以安家，无忧无虑，毫无饥寒之苦。

蚯蚓一般喜欢生活在湿润的泥土里，以身体蠕动收缩，呈波浪形地前进。蚯蚓的食量很大，每天仅排出的粪便量就相当于它的体重。土壤经过蚯蚓不停的挖掘、翻动，会变得松软，而且能加速土壤团粒结构的形成，有利于土壤中的微生物繁殖和作物根系的生长。经过蚯蚓消化过的土壤，无论是过酸还是过碱的土壤都能变成适合农作物生长的中性土壤，细腻、湿润，还增加了氮磷钾的含量，大大提高了肥力，因为蚯蚓的粪便是高效的有机肥料。

科学家们利用蚯蚓善吃而且不择食的特性，开展废物综合利用，不仅可以消除环境污染，还可以变废为宝，一箭双雕。北美洲有一个巨大的蚯蚓养殖场，每天用蚯蚓来吞食100万城市人口所产生的生活垃圾，同时用大量的蚯蚓粪便来改良农田，取得了很好的经济效益。美国加利福尼亚州有一个蚯蚓养殖公司，共养5亿多条蚯蚓，专门用来吞食工业废料，每天处理废料达200多吨。日本兵库县有一个蚯蚓养殖场，共养10多万条蚯蚓，用来处理工业废料和生活垃圾，也取得了很好的经济效益。

蚯蚓还有一个特性非常有趣。它的再生能力很强，如果把蚯蚓一刀两断，血液中的白细胞便形成特殊的栓塞，使伤口迅速闭合，原来位于体腔中隔里尚未分化的原性细胞便迅速迁移到切面，与创面溶解肌肉的细胞一起，形成结节状的再生芽。如果切断的两段在一起，又有适宜生长的环境，只要六七天，两段便重新长在一起。如果一刀刚好切在生殖环带的位置上，它便可能一段长头、一段长尾，变成两条完整的蚯蚓。

蚯蚓具有较高的营养价值，含有丰富的蛋白质。干蚯蚓含蛋白质70%，新鲜的蚯蚓含蛋白质40%。蚯蚓还含有不饱和脂肪酸和人体必需的氨基酸，既可以制作食品，也可以做禽畜饲料。蚯蚓还可以入药，中药称作"地龙"，具有清热、息风定惊、平喘、降压、利尿和祛风活络等功用。

二、"原始潜艇"鹦鹉螺

大海里海螺种类繁多，色彩斑斓，令人炫目，其中应数鹦鹉螺最为漂亮。我国古代就有人把鹦鹉螺的外壳制作成美丽的酒杯，高朋满座用它宴请宾客。唐代诗人李白在《襄阳歌》中写道："鸬鹚杓，鹦鹉杯。百年三万六千日，一日须倾三百杯。"

现在鹦鹉螺已濒临灭亡，被我国列为一级野生保护动物。

鹦鹉螺是软体动物头足纲鹦鹉螺目中的动物。鹦鹉螺最早出现在晚寒武纪，最兴旺的全盛期是距现在4亿4千万年的志留纪时期。它的足迹几乎遍及世界各地，共有3500多种，最大的可达10米。到了泥盆纪时期，鹦鹉螺便开始衰落。到了三叠纪，由于自然环境的巨大变化，直壳鹦鹉螺竟然灭绝了，卷壳鹦鹉螺也已不多见，几乎被生物学家遗忘了。鹦鹉螺现在世界上仅存两属，共有6个品种。鹦鹉螺是鹦鹉家族中体形最小的一种，只有16厘米。它是现在研究生物进化的重要资料，被人们称作"活化石"。鹦鹉螺主要分布在热带和亚热带海域，如菲律宾群岛南部、新喀里多尼亚岛、新不列颠岛附近的海域。我国西沙群岛、海南岛南部和台湾东部沿岸海域也有鹦鹉螺在活动。

鹦鹉螺的外观　　　　　　　鹦鹉螺的内部结构

鹦鹉螺有一个非常美丽、坚硬的是螺旋状的外壳，左右对称，像鹦鹉喙一样，由此得名"鹦鹉螺"。鹦鹉螺外壳的螺旋中暗含了斐波那契数列，这也很奇特。外壳是石灰质的，上面有灰红相间的波浪形条纹，壳内是闪光的银白色的珍珠层，有两对鳃。口的周围和头的两侧，长有63～94只触手，无吸盘。其中有两只触手合在一起，变得很肥厚，内体缩进壳后，就用它盖住壳口来保护自己。捕食时，触手全部展开；休息时，触手都缩回壳里，只留一两只在壳外，担任警戒保卫的任务。头部还有一个会喷水的漏斗，是由两块肌肉合成的。从鹦鹉螺壳中心到壳口，有36个如房间一样的气室，气室与气室之间由膈膜隔开，中间有管道相通，鹦鹉的肉体居住在最末的一室。

鹦鹉螺有垂直运动的习惯，它把气室中的液体逐步排出体外，气室里逐渐被气体充溢，随着自身的比重逐渐减小，鹦鹉螺便迅速上浮，成群结队地漂浮在海面上，悠然自得；有时，它也用漏斗向前喷水，使身体向后快速推进，尤其是暴风雨过后的风平浪静的晚上。随后由于周围海水的压力，海水渐渐渗入壳内，身体的比重也逐渐加大，便慢慢沉入海底。鹦鹉螺在大海中直上直下地活动。科学家依据这样的原理，制造了潜艇。因此，世界上第一艘蓄电池潜艇和第一艘核潜艇都被命名为"鹦鹉螺号"。

鹦鹉螺一般是夜间才从海底漂浮到海面上活动，所以很少有人见到活的鹦鹉螺。白天，鹦鹉螺生活在几百米深的海底，用触手在海底爬行，或伏在珊瑚礁和岩石上，捕食蟹类、小鱼、海底栖虾类和海胆。鹦鹉螺的卵是单个产生的，卵个体大，为40毫米×10毫米，但数量少，从几个生到几十个。孵化期12个月，新出壳的小鹦鹉螺体长一般为3厘米。

鹦鹉螺大部分时间生活在几百米的海底，居然和天上的月亮扯上了关系，这是谁也想不到的奇事。鹦鹉螺外壳上有许多与壳边缘相平行的细线，每只大约有30条，竟然和阴历一个月的天数完全相符。这些细线是鹦鹉螺在生长过程中留下的足迹，称为生长线，类似于树木的年轮。不过，它们是以天为单位的，因此又被称为日轮，即每天壳长一圈，每个月鹦鹉螺的壳增长一室。科学家发现，越古老的鹦鹉螺壳上的日轮数量越少，新生代渐新世的鹦鹉螺有26条，中生代白垩纪的有22条，中生代侏罗纪的只有18条，石炭纪的只有15条，古生代奥陶纪的更少，只有9条。这说明越古老，阴历一个月的天数越少；越古老，月球绕地球转一周的时间就越短，月球离地球就越近。通过计算，在4亿多年前的古生代奥陶纪末，月球绕地球一周为9天，当时月球距地球约165300公里，是现在月球距离地球的43%，也就是从那时候起的7000万年里，月球距地球的距离年均延长94.5厘米。根据这个数据，科学家推断，在3亿2千万年以后，月球绕地球一周需要45天。到那时，如果鹦鹉螺尚存于世，它的日轮也应为45条了。由此可见，鹦鹉螺对揭示大自然演变的奥秘功劳巨大。

鹦鹉螺无端地与天体运行搭上关系，因此它具有很重要的科研价值。另外，鹦鹉螺壳很美丽，制作的工艺品用于装饰，备受人们喜爱。

三、会造房子的章鱼

　　水域世界中也有"建筑师"，章鱼就是其中之一，而且是比较有声望的建筑师。章鱼酒足饭饱后，总要找一个安安静静的场所去美美地睡上一大觉。有时找不到现成的地方，它便自己动手盖房。它拖着胀胀的肚子，用其腕搬运石块，一次竟能搬动四五公斤的石头，四周垒起一圈墙壁，然后找一块平整的石片盖在上面做屋顶。用不了多久，一所像模像样的小石屋便修建好了，它便懒洋洋地钻进去舒舒服服地睡大觉。为了防备敌害，它还把两只专门从事保卫工作的腕伸出屋外，不停地摆动着，好似"站岗放哨"的警卫。一旦发现敌害来袭，章鱼便会突然醒来，或是应战，或是弃屋逃跑，时间很充裕，一点也不误事。

　　章鱼也叫八爪鱼或蛸，是乌贼鱼的近亲。其实它并不是鱼，而是属于软体动物门头足纲的一种。世界各地的海域皆有分布，主要生活在热带、亚热带、温带海域里，大多数生活在浅海区，只有少数活动在深海里。全世界约有 26 属 252 种章鱼。日本产量最多，我国南部沿海真蛸居多，北部沿海短蛸较多。章鱼很聪明，它有 9 个脑袋，一个是主脑，在头部，与一

章鱼正在捕食贝类

个记忆系统相连，起到记忆和思考的作用；8个副脑，位于8条腕上，主要起到记忆和存储器的作用。章鱼有3颗心脏，一个主心脏，起到供血的作用；两个"鳃心脏"，也有供血的作用，但主要起到过滤作用，把身体产生的废物排出体外，类似人类的肾脏。头部两侧长着一对小眼睛，头的顶端或口的周围有4对类似于触手的腕，长短相近，腕上有吸盘，有的单行，有的双行。腕的顶端变形，称作"端器"。章鱼靠着这些吸盘，能牢固地吸附在其他物体上。章鱼用这些腕在海底爬行或游泳，饿了，它们便是摄取食物的工具；遇到敌害，用它们来做武器。章鱼的力量很大，小生命在章鱼的腕下"魔掌"中必定丧命，就是大动物被章鱼吸着也难以脱身。

章鱼的胴部呈卵圆形，很小，没有肉鳍。内壳退化，仅在背部残留两个小壳针。章鱼的腹侧有一个漏斗，里面储满水，遇到险情就把漏斗里的水猛烈地喷射出来，借着水的反作用力向后方快速逃窜。章鱼的行动十分敏捷。这一点与乌贼完全一样。除此之外，章鱼对付敌害还有两套绝招：其一是与乌贼一样迅速喷射黑色的液体。它身上也有一个"墨囊"，面临危急关头，立即喷射"墨汁"，把周围水域染黑，然后在黑色的掩护下，溜之大吉。其二是改变颜色和形状。章鱼的体内有许多色素细胞，能随着它或激动或恐惧或欢乐等情绪变化，呈现出不同的颜色。比如章鱼受到刺激，很快由灰色变成黑色，过了不久，又变成灰色。因此，章鱼有"海洋变色龙"之称。章鱼还能改变自己的形状，有较强的模仿力。它遇到强敌，便变成如同一块覆盖藻类的岩石，或变成珊瑚，或变成闪光的砾石。

章鱼的这些绝招，主要是用来对付敌害起到自我保护的作用。

章鱼还有对各种器皿嗜好成癖的毛病，常常渴望藏身于空心的器皿中栖身。人们便利用这一点，用瓦罐、瓶子等器皿来捕捉章鱼。

其实章鱼凶狠残暴，是海洋中的"好战分子"，潜水员遇到它便凶多吉少。章鱼不仅穷追鱼虾，有时还自相残杀。章鱼以龙虾、贝类、蟹类和海底栖鱼为食，吃食的方式也很特别，常常先咬破被俘者的头部，注入毒液，使其迅速麻痹而死，然后从容地享受。

章鱼的体形、大小相差很大。小的几十厘米到几米，大的13米到60多米，重可达6吨到7吨。第二次世界大战期间，英国一艘军舰泊在马尔代夫附近的海域，深夜站岗的哨兵忽然发现军舰左侧冲过来一排白浪，看到一条巨大的章鱼慢慢爬上军舰，章鱼的身体和 80 米长的军舰差不多大，一条腕的直径足有 60 厘米，章鱼的身体使军舰顿时左右摇摆不停，几乎倾翻入海。章鱼大概感到无趣，10 多分钟后便放弃军舰，缓缓入海，不见了。

章鱼腕上吸盘的吸力很大。科学家便利用这一点，让章鱼为人类做事。日本有一艘载满重物的船只沉入海底，因为太深，潜水员无法下去操作，他们便把一条系上绳子的大章鱼从沉船处投入大海，章鱼便钻入船舱，放心大胆地睡觉，人们拉绳子，章鱼用腕上的吸盘死死扣住各种器皿不放，就这样把一个个贵重物品打捞上来。科学家还模仿章鱼的吸盘原理制造了吸盘式起重机。这种起重机设备简单，制作方便，起重效果好，现在已广泛应用在车间、港口和建筑工地。

四、"水下火箭"乌贼

吃过乌贼鱼吗？鲜美细嫩，营养丰富，是酒宴佳肴。

市场上出售的乌贼有两种：一种是新鲜的，古代只有海边的人才有幸吃到，现在空运高铁发达了，内地菜市场上也屡见不鲜；另一种是干制的，称为"墨鱼干""乌鱼干"或"螟蜅鲞"。

乌贼喷墨

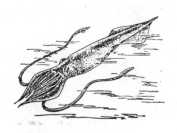

枪乌贼

乌贼属软体动物门头足纲乌贼目的动物，俗称"墨斗鱼""墨鱼"。乌贼种类很多，分布在东半球热带和温带浅海的就有100种以上。我国浙江、福建、山东近海渔场皆有出产。它爱捕食虾蛄、扇蟹、毛虾和幼鱼。乌贼身体略侧扁平，背部皮肤上有各种花纹。很奇怪，这些花纹的颜色和花式能随着周围环境随意变化，而且速度极快。在情况危急的时候，它摇身一变，便能瞒过敌害。这是乌贼自我保护的一个绝招。

乌贼头部很小，左右生着一对发达的眼睛。虽然它的眼睛很大，但视力不佳。在身体的前端和口的周围生着5对腕足，其中4对较短，1对较长。腕足的内侧各有4个吸盘。这些腕足就是乌贼的"手"，用它们来捕捉和吞食其他动物。乌贼的嘴长在5对腕足中间，其形状和鸟嘴相仿，所以称它为"鹦鹉嘴"。口内有一对坚硬的角质腭片，腭的尖端十分尖锐。平时缩在体内，取食时伸出来，瞬间便可将食物咬碎吞入。腭下面就是喉头，如果把喉头轻轻翻开，便可清楚地看到一条小小的齿舌。乌贼与有壳的软体动物是近亲，随着漫长的进化历程，它的外壳逐步退化并转入体内，形成了背部内壳。背部内壳便是墨鱼骨，又称"海螵蛸"，石炭质，很厚，呈椭圆形。在工农业和医学上都有很大的用处。乌贼常常活动于浅海的中下层，也能做几十米的垂直移动。乌贼的卵分批成熟，单个产出，个体产卵为几百个至几千个。

乌贼的游泳本领特别高强：有时它不急不慌，优哉游哉，用紧靠身体的鳍在水中慢慢地游动；遇到紧急情况，它会像火箭一样向后方快速运动。原来，在乌贼头部下方有一个喷水的漏斗，它的外套膜很厚，内部肌肉相当发达，在外套膜的边缘有一个闭锁器，外套膜内有一圈空间，叫作外套腔。当它要快速运动时，外套膜膨胀，海水进入腔内，然后用闭锁器紧紧封住外套膜口，由于剧烈地收缩外套膜肌肉，迫使外套腔内的水从口下方的漏斗里急速喷出，这就形成强大的反冲力。乌贼便快速地向后方运动，速度高达每秒钟 15 米。如果情况危急，还可借助反冲力从水中跃起，在空中飞行，高度可达 6 米、20 米。用"水下火箭"来形容乌贼应该说十分贴切的。这便是乌贼的第二个绝招。

乌贼还有一个更妙的逃生的绝招是施放烟幕弹。乌贼腹部肠的末端有一个墨囊，囊内储存着大量的黑色汁液，称作墨汁。遇到敌害袭击，它便把墨汁连续喷射出来，使周围很大的一片海水顿时变黑，它便凭借这黑色屏障的掩护逃之夭夭。有一种小乌贼的办法更胜一筹，它不是施放烟幕弹，而是喷射含有盐酸和硫酸的唾液，这种唾液腐蚀性很强，别说动物的肌体，就是滴在花岗岩石上，也会冒出浓烟，还有什么动物敢惹它？

乌贼的这种墨汁可以用来书写或绘画，不过时间一长容易褪色。古书《草木子》中就有记载："乌贼鱼墨汁书如淡墨，有为伪券以谎人者，当知之，经年墨消。"说得很准确。

乌贼对付敌害的三种绝招，有时分开用，更多时候是同时使用，威力很大，溜之大吉是不成问题的。乌贼身体的结构和三种对付敌害绝招带给科学家很多启示，如施放烟幕弹战术已在现代战争中广泛使用。科学家模拟乌贼的喷水结构制造了多种喷水船，有的从船头吸水，然后从船尾高速喷出，结构简单、安全、可靠，速度每秒可达 30~40 米，而且可以在浅水中行驶。这种喷水器在水中产生的震动很小，一般水中声呐侦听装置不易测出，如果用于军事也很有发展前途。

五、四只眼睛的鲎

听说过长着四只眼睛的动物吗？

不错，绝大多数的动物是两只眼睛，可是生活在海洋中的鲎（hòu）就有四只眼睛。两只眼睛生在头胸甲背面正中线上，叫作"中央眼"；两只生在两侧隆起线外，左右各一只，叫作"侧眼"。

鲎的背面观

鲎的腹面观

鲎是蜘蛛的远亲，属节肢动物门肢口纲剑尾目鲎科。它的体形不大，即使是最大的美洲鲎，体长也只有 60 厘米。鲎的寿命较长，一般可达 14～19 年。鲎也是古老的生物类群，早在 5 亿年前的古代地层里，就有鲎的化石。那时地球上的恐龙还没有出现，海洋里最早的鱼类也还没有出现。随着岁月的流逝，大地上的物种几经大规模的变迁、消亡，鲎却奇迹般地活了下来。现代的鲎除体形变小外，其他方面几乎和祖先没有多大的区别。鲎现存的种类已大大减少，世界上仅有 3 属 4 种，大都生活在热带和亚热带的浅海或潮间带沙滩上。我国福建、广东沿海一带也有一种，称为"中国鲎"，是国家二级保护动物。

鲎的模样很古怪，活像一只瓢，头胸部顶着一个宽阔的背甲，颇有点驼背凹腹，如马蹄形。前缘宽圆——雄性"中国鲎"前缘左右凹下；后缘中部平截，两侧角尖，向后呈三角形突出。身体呈青褐色或暗褐色。它头胸部的腹面不分节，有 6 对附肢，一般如钳状，只有第 6 附肢末端变形（用来挖土），有 4 片匙状突。成年雄性的第 2 对附肢末端呈弯钩状，以便交尾时抱住雌鲎。鲎的身体末端有一条粗硬的尾巴，其末端尖锐，很锋利，称为尾剑，是鲎对付敌害的武器。

鲎有一个爱好，它喜欢乘着潮水上岸享受阳光的沐浴，退潮时又随之返回深海。

别看鲎样子难看蛮笨，其实它在海洋中十分活跃，动作敏捷，像人那样，能跳能跑还能爬树。它可以用头胸部的附肢在海底爬行，可以背朝下拍动鳃片以推动身体在水中慢悠悠地漂浮，也可以用腹部的附肢在海水中快速前行，还可以用尾剑把身体突然撑起来，来一个撑杆跳。它通常将身体弯成弓形，钻入泥沙中，用尾剑和最后一对附肢推动身体前进。鲎逃避敌害的本领很高强。这恐怕是它延续 5 亿年没有灭绝的重要原因吧。

每年的 4~8 月，是鲎的繁殖期，通常日落后，在大潮的沙滩上挖一系列浅坑，雌鲎在坑内产卵，每坑产 200~300 粒卵，然后由雄鲎用精液将卵覆盖。数周后，幼鲎从坑中孵出，长约 5 毫米。幼鲎要蜕皮 16 次才能性成熟。

再来说说鲎的眼睛。鲎的单眼直径为 0.5 毫米，对紫外光线十分敏感。它生活在海底，那里光线微弱，基本上是黑暗的世界，可是它凭着中央眼——单眼，仍然能自由爬行，从来不会迷失方向，但要看清周围物体的形状，就要靠侧眼了。它的两只侧眼都是复眼，每只由 1000 多个小眼组合而成，这些小眼之间都是由侧向神经互相联合在一起。每当一只小眼感受到光照产生兴奋时，侧面神经就发出信号，使其他小眼的感光受到抑制。这种抑制作用把眼睛接收到的图像加工，增加物体边缘影像的反差，突出物体的轮廓，从而使鲎在极其微弱的光线下，能清晰地看到物体的外形。鲎的单眼、复眼互相配合，各司其职，所以它能够在海底的黑暗世界里行动自如，无论是爬行还是捕食，一点不受影响。人们称鲎为"海底侦探"，一点也不夸张。

鲎眼的特殊构造带给科学家们很大的启发，他们依据鲎眼的原理，设计出弱光电视摄像机和照相机，能在十分微弱的光线中拍摄出清晰度很高的影像，广泛应用于摄像、科学考察、安全保卫、航空摄影等领域。科学家们还仿照鲎侧眼抑制作用的原理，改进了电子雷达系统工程，极大地提高了雷达显示的灵敏度，而且图像特别清晰。鲎的血液也很特别，是蓝色的，血液中含有铜，食用过量会中毒，但可以制作成"鲎试剂"，可以准确地快速检测人体内部组织是否因细菌感染而致病，在医学界普遍受到重视。

鲎是海洋动物中活着的化石标本，也是研究动物进化史的珍贵资料。天然鲎供应已明显不足，我国在湛江南三岛和遂溪、福建平潭岛等地建立鲎的自然保护区，并成功地进行人工繁殖。广西海洋研究所已向大海流放了 500 多万只中华鲎苗。

六、结网捕食的蜘蛛

看过吴承恩的《西游记》吗？唐僧师徒曾在盘丝洞被变幻成漂亮女子的蜘蛛精吐丝困住。猪八戒被蜘蛛精的美貌迷住，险些丧了性命。其实蜘蛛的外貌很不雅，属节肢动物门蛛形纲蜘蛛目，全身由头胸部和腹部两大部分组成，两部分之间，有一个细短的腹柄相连接，它的前端通常有8只眼睛，有6对附肢。第一对为螯肢，上面有毒腺；第二对为须肢，用以取食，也是感觉器官；其余4对步足，主要用于结网和捕食。它的外表很像螃蟹，可爬行起来非常迅速，一旦发现险情，一会儿就不见踪影。

蜘蛛也是一个大家族，全世界约有3859属42751多种，在我国有案可稽的就有67科3800种。蜘蛛的身体大小不一，南美洲有一种金鸟蛛，体长有8~9厘米，两足之间的最大距离有25.4厘米，专门捕食小鸟。有的蜘蛛小得可怜，只有小数点符号那么大，如太平洋乌波卢岛的展蜘蛛，只有43微米。再如，巴拿马热带森林里有一种微型蜘蛛更小，它连正常的呼吸系统都没有，是利用皮肤上的小孔来呼吸的。

蜘　蛛

别看蜘蛛的外形有点吓人，可它的心地却是十分善良的。它对人类很友好，是人们不花钱，也不用聘请的义务农田卫士，有人称它为"植保专家"，一点也不过分。据我国植保工作者的调查，我国每亩农田有 5 万～20 万只蜘蛛，它们在农田布满天罗地网，专门捕捉、吞噬各种危害农作物的虫类。蜘蛛的食量很大，稻田中的拟环纹豹蛛每只每天捕食水稻害虫 7～12 只，北方棉田中的逍遥蛛一昼夜可捕食 25～115 只蚜虫。一位英国动物学家测算，英国每年被蜘蛛吃掉的害虫总重量超过英国所有人加起来的重量，其他飞禽走兽所消灭的害虫，不过是蜘蛛所消灭害虫数的零头。

蜘蛛捕捉食物的本领很奇特。蜘蛛腹部有 6 个特殊的器官，称作"纺绩器"，可以抽丝。蛛丝是一种蛋白质，主要由甘氨酸、丙氨酸、丝氨酸和酪氨酸组成。蛛丝刚抽出来时，还是一种发黏的"胶水"，一旦接触到空气，就立刻变硬而成为丝了。蜘蛛的丝一般用来造巢、做卵袋，或用丝在空中飞航。蛛丝最重要的功能是结网捕食。习性不同的蜘蛛所结的网形式很不相同，有天幕网、漏斗网，也有不规则的网，最精致的便是人们常见的车轮状的圆网，呈放射状，犹如诸葛亮的八卦阵。网无色，有黏性，常常张在害虫出没的道口。蛛网看上去很娇嫩，其实很结实，它可以承受4000倍于蜘蛛体重的重量。害虫飞行时，一旦触网便被粘住，虽倾全力挣扎，也无济于事。害虫被缚住了，蜘蛛便迅速赶来，但并不马上狼吞虎咽，而是先用"牙"刺入猎物体中，注入消化酶，不久活生生的猎物就变成液体高蛋白的罐头了，然后慢慢地品味、享用。一般蜘蛛爱吃苍蝇、蚊子等小昆虫，蜈蚣、马陆、蚯蚓等也喜欢吃；有的蜘蛛，如水边的盗蛛能捕食小鱼小虾充饥。在食物丰富时，蜘蛛也会将吃剩的食物用蛛丝密密地缠起来，织成一个保鲜袋，挂在洞穴中以备不时之需。蜘蛛不同的纺绩器抽出来的丝，有的有黏性，有的无黏性，织保鲜袋的丝是没有黏性。

许多蜘蛛，尤其是幼蛛，颇顽皮，喜欢凭借丝飞航。它先爬到灌木或树干高处，面对风向，然后后足抬起，腹部后端向上翘，随即纺出丝来，只要有微弱的上升气流，足一松开，蜘蛛便腾空而起，在空中飞行，可以飞落到远离大陆数百海里的海岛或船上，也可以飞落到在3000米高空飞行的飞机上。

蜘蛛求爱方式也很独特。雄蜘蛛先要向雌蜘蛛表演精彩的舞蹈，也有的向雌性蜘蛛大献殷勤，不断送上吃食等"礼品"，以博取雌性蜘蛛的好感。雄蜘蛛边表演舞蹈边小心翼翼地向雌蜘蛛靠拢，如果雌蜘蛛把前面的两对足缩到胸口，轻轻地抖动它的触须，就表示接受对方的求爱，雄蜘蛛便可兴高采烈地进网，与雌性蜘蛛举行"婚礼"。如果得不到雌性蜘蛛的允许，雄蜘蛛贸然闯进网去，毫无疑问将成为雌蜘蛛口中的美味。蜘蛛交配后，大多数雄蜘蛛仍然会被饥饿的雌蜘蛛当作美味佳肴吃掉的。雄蜘蛛是甘愿为爱情献身的，是典型的爱情至上主义者，雌蜘蛛一点也不讲"夫妻之情"，是实实在在的肚皮至上主义者的"恶妻"。蜘蛛的生育能力差别也很大，有的一次只产几粒到十几粒卵，有的一次能产上千粒卵。产卵前，雌性蜘蛛吐丝做成"产褥"，产出卵，再在卵块上纺一层丝，两层丝连接起来做成卵袋，卵在卵袋里孵出幼蛛后，幼蛛还要安安稳稳地在卵袋停留数天，等脱了 1 ~ 2 次皮后才能离开。幼蛛一共要脱 4 ~ 15 次皮才能成熟。蜘蛛一般一年生 6 代，少数品种一年一代。蜘蛛的寿命一般为几个月到 1 ~ 2 年，少数的也可长达 20 ~ 30 年。蜘蛛适应性很强，有的能耐 60℃的高温，有的能耐 −20 ~ −30℃的低温。这一点也是蜘蛛分布广泛的一个重要原因。

蜘蛛并不都是无毒的，有的蜘蛛带有剧毒。如我国广西有一种老虎蜘蛛，能把耕牛咬伤致病。世界上最毒的蜘蛛是美洲的"黑寡妇"，身长 6.3 厘米，人、畜被它咬一口，就有性命之忧。在国外一些商店老板防小偷，便用毒蜘蛛看守仓库。美国洛杉矶一家珠宝店，强盗光顾多次，老板一筹莫展，后来他养了几只毒蜘蛛，并且贴出告示，上面写道："强盗，塔兰卡保护本店。"塔兰卡是当地有名的大型毒蜘蛛，人一旦被咬就有生命危险。自告示贴出后，强盗再也不来光顾了。

结网捕捉昆虫

　　蜘蛛还是一味良药，是中药治疗脱肛、疮肿、腋臭等疾病的特效药。

七、凶残又慈爱的蝎子

　　"凶残"和"慈爱"是截然相反的两种性格，然而在蝎子身上却结合在一起，得到了完美的统一。它是既凶残又慈爱。蝎子也是古老的物种，陆地上的蝎子最早出现在 4 亿 5 千万年以前。

蝎　子

蝎子是食肉性的节肢动物，属蛛形纲。早在4亿5千万年前，地球上就有蝎子在活动了。现在全世界已知有1700余种。我国有15种。蝎子是蜘蛛的近亲，但外形与蜘蛛没有一点共同的地方。个体不大，通常为3~9厘米。对于我国的东亚钳蝎，雌蝎长约5.2厘米，雄蝎的个子略小，一般为4.8厘米。世界上最小的蝎子仅1.3厘米，最大的西非洲绿蝎可达35厘米。头胸部较宽，形状像四边形。背面有一块坚硬的背甲包围着，背甲上密布坚硬的突出。背甲中央有一对大的中眼，在背甲的两侧前缘各有2~5只小侧眼。蝎子没有耳朵，但它身体表面有感觉毛，感觉十分灵敏，能感知一米范围内极其微弱的震动，任何微小昆虫的行动都能感觉到。蝎胸板很小，头胸部与前腹部紧密相连，合称为躯干，后腹部窄长，称作尾巴。尾巴末端有一个袋形尾节，尾节末端有一根毒针，似弯钩状。这是蝎子很厉害的武器。蝎子有6对附肢：1对螯肢、1对触肢和4对步足。螯肢较小，位于背甲前缘的前方，它协助触肢捕食。触肢十分强大，生于背甲前缘两侧，肢端有似螃蟹那样的双钳，平时高高举起，是捕捉猎物的工具，也是御敌的武器。4对步足很敏捷，是蝎子快速运动的脚。

蝎子大多生活在混杂着片状岩石和泥土的山坡上，不干不湿，有草有灌木。它们爱居住在天然的缝隙或洞穴里，也有少数蝎子用前面3对步足挖洞居住。蝎子喜群居，并且有识窝和认群的习性，在大群蝎子窝内有雄有雌，有大有小，和睦相处，很少发生相互残杀的现象。它们一般在11月上旬入蛰，翌年4月中下旬出蛰，全年活动期6个多月。蝎子昼伏夜出，都是在落日后至半夜间出来活动，但必须是温暖无风，地面干燥的夜晚。雨天一般宅在家里。蝎子喜欢吃无脊椎动物，如蜘蛛、蟋蟀、小蜈蚣和多种昆虫的幼虫。一只蝎子一年可捕杀蝗虫等有害昆虫一万多只，它也是农作物的"自然保护神"。它靠触肢上的听毛或跗节毛和感觉器判断猎物的位置，然后伸出触肢将猎物夹住，同时举起蝎尾弯向身体的前方，用毒针刺入猎物体内，注入毒液，猎物很快毙命，然后用螯肢把猎物慢慢撕开，先吸食猎物的体液，然后吐出消化液，将猎物消化成液体后慢慢享用。大多数蝎子的毒素足以杀昆虫，但对人体没有致命的危险，只能引起灼烧般的疼痛而已，只有分布在印度尼西亚、印度等地的毒蝎才会置人于死地。

平时我们所见到的雄蝎子都是"未婚青年"，一旦结婚交配，就意味着它们生命的结束。每年6～7月是蝎子交配繁殖的季节。雄蝎子找好洞穴，便四处寻找侣伴，一般都是一见钟情的，接着双双来到"新房"。交配前，雄蝎子用触肢的钳夹着雌蝎子的钳，头对头拖来拖去地跳"交臂舞"。这样的"求偶"行为可长达数小时或数天，看上去，这对小夫妻十分恩爱。雄蝎子从生殖孔排出精荚粘于地上，把雌蝎子拉过来，使精荚的游离端与雌孔相接触，完成受精。雌蝎子接纳精子后，可连续产崽3～5年。交配后雌蝎子便一反温柔的面孔，突然向雄蝎发起猛烈的进攻，直致咬死雄蝎子并吞食其皮肉，十分凶残，俨然是一个谋杀亲夫的"罪犯"。雌蝎子用这种办法确保有充分的营养来孕育后代，从种族角度来看，这也是迫不得已的事。雌蝎子虽然残忍凶恶，可是对后代却十分慈爱，应该说，雌蝎是动物界最慈爱而且伟大的母亲之一。蝎子是胎生的，雌蝎怀孕后便逗留在巢穴中，不轻易出门。怀孕一个月左右便产子，幼蝎从生殖孔陆续产出，每胎产 15~35 只幼蝎。数分钟后，这些幼蝎顺着雌蝎附肢爬上母背，便以母背为巢，成天不离母背。母蝎呵护幼蝎极为周到。母蝎十分辛苦，即使外出觅食，也是负子而行。大约一周后，幼蝎才离开母背，开始独立生活。幼蝎经过 5 次蜕皮，第 3 年才成长为成蝎，到第 4 年秋天才能繁殖，可连续繁殖 5 年，雌蝎的寿命可达 8 年。

有时母蝎为了让幼蝎尽快长大独立，便将自己的身体贡献出来，让幼蝎享用，确保幼蝎成长过程中的营养。为了养育后代，雌蝎可以吃掉雄蝎；为了幼蝎健康成长，雌蝎也心甘情愿地让幼蝎吃掉。为了后代的健康，蝎子竟然做出了这样大的牺牲。这在动物界里也是罕见的。

蝎子是重要的中药材。它的药名叫作"全蝎"或叫作"全虫"。具有"息风镇痉，攻毒散结，通络止痛"之功效，是治疗麻风病的良药，对口眼歪、风湿、头痛、肩周炎都有疗效，可配制 30 余种中成药。

八、"地上的星星"萤火虫

还记得小时候的乐趣吗？

夏夜，四周黑漆漆的，天上繁星闪烁，场边、河塘畔、稻田上空，飞舞着一盏盏小小的灯笼，充溢着温馨和神秘。人们在自己家门口的场上乘凉，讲古论今。我们这些小孩，一边挥舞着扇子追赶、扑打这些飘逸的小灯笼，一边哼着上几辈流传下来的儿歌：

"萤火虫，

夜夜红。

飞到天上捉蚜虫，

飞到地上捉绿葱。"

…………

萤火虫属昆虫纲鞘翅目萤科，是一种会发光的益虫，分布在热带、亚热带和温带地区。全世界有 4000 多种，我国也有 54 种。一般按照其生活环境分为陆栖、水栖和半水栖三大类。我们古代称为"夜照""熠熠"，都是发光的意思。古有"囊萤照读"的美丽传说，说的就是用口袋装着萤火虫，夜以继日勤读的故事。我国台湾是萤火虫的"圣地"，不但种类繁多，而且个体较大，亮度也大。夜晚似一片霓虹灯在闪烁，如同置身于商业中心。日本人侵略我国台湾时，不了解这种情况，夜间看到远处一片灯火在移动，吓得惊慌失措，赶紧放枪放炮，被当地人传为笑谈。

萤火虫身体扁平，鞘翅柔软，前胸背板平坦，常盖住头部。头几乎被复眼所占据，复眼由许多小眼组成，一般雄虫的复眼比雌虫发达。雄虫一般长有发达的鞘翅和膜翅，善于飞行，常在空中东飘西荡。雌虫因鞘翅或膜翅退化而无法飞行，如窗萤属的一些种类的雌性萤火虫，仅有一对小小的翅牙。雌虫身体稍大，爱居住在阴暗潮湿腐烂的草丛中，常在草上、树上爬行。也不是所有的萤火虫都能发光，能发光的只有2000多种，有趣的是会发光的萤火虫，其卵、幼虫、蛹都能发光，尤其是蛹，发出的光最为瑰丽，亮亮的，犹似一盏玻璃灯笼。

萤火虫腹部末端有一个特殊的发光器，里面排列着几千个内含荧光素和荧光素酶的发光细胞。荧光素和含有能量的物质结合，遇到充足的氧气，在荧光素酶的激发下，便产生化合反应，合成氧化荧光素，在这个过程中释放出来的能量，便直接转化成荧火，产生了光亮。萤火虫常一闪一闪地发光，便是萤火虫不断开关气门控制氧气进入发光器的结果。萤火虫能够发出黄色、橙色、红色、黄绿色及绿色等多种颜色的荧光。萤火虫发出的这些"光亮"其实是它们相互之间沟通，相互传递信息的特殊的"灯语"。

萤火虫在发光的过程中几乎不产生热，发出的光是冷光，

萤火虫的卵、幼虫与成虫

它能将化学能百分之百地转化为可见光，这比只能将一部分能量转化为可见光的白炽灯来说，效益要高得多。科学家们根据萤火虫发光的原理，发明了既省电又明亮的日光灯，并且根据萤火虫发光的技巧研制成冷光源，已广泛应用于怕热怕磁等工农业生产上。

其实萤火虫发光是长期进化的结果，幼虫发光具有警戒、恫吓天敌的作用；成虫发光是雌虫与雄虫互相联络、招引异性的"灯语"。当雄虫发出闪光时，雌虫就会发出一定的信号来回答，对方"明白"了，雌虫与雄虫才靠近完成婚配。每年8

月,雌虫与雄虫交配后,便在水边腐草丛中产卵。卵是淡黄色的小粒,一个月以后孵化成灰色的幼虫。幼虫像一个纺锤,有很多节,两端尖细,有3对发达的足,尾部两侧有发光器,在夜里发光。到了冬季,钻入地下冬眠,直到第二年4月,天气暖和了,才钻出地面。到了5月,幼虫又在泥地挖个小洞,躲在洞里蜕皮,变成蛹虫。蛹身体淡黄,有短短的翅膀,大约又经过半个月,蛹变成成虫,才爬出地面。成虫野外寿命一般为3~7天,但有的长达20~30天。

　　水栖萤火虫幼时爱吃螺类、贝类和水中小动物。陆栖幼虫特别喜欢捕食危害农作物的蜗牛。吃法也很特殊。它们先爬上蜗牛的贝壳,然后用针尖状的大颚向蜗牛注射一种毒液,注射的动作十分轻柔,一点也不会惊动蜗牛。这种毒液一旦进入蜗牛体内,蜗牛立刻被麻痹了,毫无反抗逃生的力量。接着便向蜗牛吐出一种消化液,把蜗牛的肉分解成液体,然后用管状嘴巴,将富含营养的"清汤"有滋有味地慢慢喝下去。有趣的是,它们食用蜗牛肉汤时,颇具大将风度,一般是不肯独自享用的,而是邀请三四位同伴一同进餐,一只蜗牛一般要吃两天,才能吃完。萤火虫幼虫进食一次,可以几天甚至一个月不进食。萤火虫成虫多数种类只喝水或吃花粉和花蜜,或利用在幼虫时期储藏的脂肪维持生命。

九、靠天文导航的"反雷达斗士"夜蛾

在夏秋季节漆黑的夜晚，如果在广袤的原野上点一盏灯，用不了3分钟，就会看见成团成团的小昆虫赶来围着灯光打转，并且不顾一切地向灯火扑去，直至撞死在灯火上。伟大的文学家鲁迅先生曾在《秋夜》的散文诗中，对小昆虫的奋勇拼搏精神进行讴歌。这些小昆虫绝大部分是夜蛾。

夜蛾是鳞翅目夜蛾科昆虫通称。其种类很多，全世界已发现2万多种，我国也有1600多种。夜蛾的身体呈三角形，粗壮。一般是灰白色、暗灰褐色，但热带某些种类鲜艳而有灿光，身上密生鳞毛。成虫口器发达，下唇须有钩形、镰形、锥形、三角形等多种形状，少数种类下唇须极长，可上弯达胸背。复眼呈半球形，眼面光滑或有纤毛，少数的眼缘有睫毛。夜蛾体形大小不等，小的展翅不超过10毫米，大型的展翅可达130毫米。

夜蛾绝大部分都是农作物的害虫。它们都是以庄稼为食的，只有少数几种是捕食其他昆虫的。黏虫、螟虫、小地老虎、黄地老虎、棉铃虫等都是有名的害虫，是我们人类的敌害。夜蛾正如它的名称一样，是在夜间出来活动的。它们白天

夜　蛾

隐藏于荫蔽处，栖息时翅膀多平贴于腹背。

　　正如开头所描绘的那样，夜蛾有很强的趋光性。它们向灯火扑去，很有点不怕死的精神。为什么会这样？原来夜蛾夜间活动是依赖月光来判定方向的，它们总是让月光从一个方向投射到它们的眼里。如果它们遇到障碍物，只要转一个弯，月光依然会从原来的方向射来，看到月光它们便找到了方位。科学家称这种特性为"天文导航"。夜蛾看到灯光，误以为是"月光"，使用这个假"月光"来辨别方向，因月光距地球很远，夜蛾只要保持同月亮的固定角度，就可以朝同一方向飞行。假"月光"——灯光离夜蛾很近，夜蛾本能地使自己同光源保持固定的角度飞行，于是只绕着灯光打转转，直到筋疲力尽地死去。20世纪50年代上旬，为了消灭水稻的敌害螟虫（夜蛾的一种），政府动员每家每户夜晚在水稻田里点螟蛾灯——一只木头盆里放半盆水，盆中央点一盏灯玻璃罩子灯。每盏灯一晚上能捕杀数千万只夜蛾。这便是利用它的趋光性来捕杀它的。

夜蛾是蝙蝠爱吃的美味。蝙蝠是靠自己的"雷达"——超声波回声定位来确定夜蛾所处的位置而捕食。夜蛾为了对付蝙蝠逐渐形成了一整套反"雷达"的防御手段。夜蛾在胸部和腹部之间的凹陷处形成特殊的结构——十分灵敏的听觉器官，科学上称为鼓腹器。鼓腹器的表面有一层极薄的表膜，与内侧感觉器相连，同时体内还有许多空腔，用来强化传来的振动。感觉器内有听觉细胞，它使振动信号传入中枢神经，顺利地进入大脑。当蝙蝠发射的"超声波"传来，通过鼓膜器迅速传入大脑，夜蛾便当机立断，采取应急措施。如果蝙蝠在30米左右，夜蛾便转身溜之大吉；如果近在咫尺，来不及逃跑，便不断变换方向，兜圈子或翻跟头，或收起翅膀跌落到树枝或地面上。总之，夜蛾采用各种手段，使蝙蝠无法确定它的位置。有些夜蛾身上还有反"雷达"装置——在足部关节上有一种振动器，发出一连串的"咔嚓、咔嚓"的声音来干扰蝙蝠发出的"超声波"；有些夜蛾身上还长有许多绒毛，用它来吸收"超声波"，使蝙蝠无法回收"超声波"，这样蝙蝠就无法确定夜蛾的位置。所以有时蝙蝠也对夜蛾无计可施。

科学家们把夜蛾反超声波回声定位的原理，应用于农生产和国防工业，取得了很大的成功。在农业上，模拟蝙蝠发射"超声波"的声音，用来驱赶夜蛾类的农业害虫，取得了很好的效果。只要有 21 千赫假蝙蝠的声音，就能保护棉田不受象鼻蛾的危害。在军用飞机和舰船上，模拟夜蛾的反雷达装置安装雷达监测器和干扰系统，能及时发现敌方雷达发射的电波及准确的频率，进行干扰，或在战斗机身上涂一层能吸附雷达电波的特殊的漆，使敌人雷达失灵，无法找到飞机的位置。另外，导弹专家还从飞蛾扑火中得到启示，研制成自动控制的远程导弹。在导弹头部装上由光电仪器和望远镜组成的"眼睛"，选好航线后，让"眼睛"的一定角度对准一颗明亮的恒星，发射后，导弹沿着预定的航线前进，"眼睛"始终与星光保持既定的角度，一旦导弹偏离了航向，星光投射角随之发生变化，"眼睛"中的仪器便把这种偏差反映给导弹的"电脑"，"电脑"经过计算后发出修正命令，让导弹回到正确的航行轨道上来，确保导弹的命中率。

十、害虫的天敌瓢虫

瓢虫，人们常常亲热地称呼它为"花大姐"。这固然与它美丽的外貌有关，它的个子中、小型，背面圆隆，外翅坚硬，腹部平坦，颜色鲜艳，美丽的花纹夹杂着一些红色、黑色或黄色的圆斑，确实讨人喜爱；但更主要的原因是它们大部分是农作物害虫的天敌。"花大姐"的称呼中饱含着人们对它亲昵的情愫。

瓢虫属于节肢动物门昆虫纲鞘翅目瓢虫科。全世界共有500属5000余种。我国也有10亚科83个属530种。瓢虫分为两大类：一类是植食性的，占全世界瓢虫总数的1/6，常常吃葫芦科、菊科类等植物，也有少数吃马铃薯、茄子、大豆等，这类瓢虫应归入害虫类。另一类是食肉性的，它们捕食蚜虫、介壳虫、粉虱、叶螨等危害庄稼和果树的害虫。这类瓢虫是益虫，如七星瓢虫、龟纹瓢虫、十三星瓢虫、异色瓢虫、两小星瓢虫等都是棉田坚强有力的"卫士"。这些瓢虫一天可以吞吃掉几十个到几千个棉蚜虫。幼虫期一天一般可吃掉1100多个棉蚜虫，成虫期食量更大，一天可以吃掉5800多个棉蚜虫。例如，一只七星瓢虫平均每天能吃掉138只棉蚜虫，那么10

天、100天吃的棉蚜虫就多得无数了。棉田靠着这些"卫士"的帮助，可以抑制棉蚜虫的危害和蔓延。再如，姬赤星瓢虫喜欢在果园捕食介壳虫，一只瓢虫一生中可以消灭900多棵果树上的害虫。如何鉴别谁是益虫，谁是害虫？方法很简单，只要看瓢虫的鞘翅，凡是鞘翅光滑、润泽、细腻的便是益虫；凡是鞘翅上布满密密满满的细绒毛，那一定是害虫。

瓢虫在生存竞争十分激烈的生物界，为了保存自己，练就了两个自身防卫的绝招：一是放出黄色液体。瓢虫突然遇到敌人的侵袭，立即从附肢关节上分泌出一种黄色的液体，散发一股强烈的特殊的气味，吓到对方或让对方感到恶心，从而放弃对它的侵扰。二是装作死亡。遇到危害，一时无法逃脱，便装作死亡躺下，较长时间一动不动（因为它知道多数动物是不吃"尸体"的），等待时机，趁敌人稍不注意，便展翅冲向天空，一溜烟似的跑掉。

瓢虫产卵多，繁殖快。一只瓢虫一次可产出700~1000粒卵。瓢虫为它们的子女考虑得很周到，卵一般产在叶子背面蚜虫密集的地方，幼虫出生后，便可以就地"取食"，不用它们费心。瓢虫的幼虫是灰色、有刺毛的小毛虫，蜕皮3次后，才成为美丽的"花大姐"。从卵到成虫要经过卵、幼虫、蛹和成虫四个阶段，一般需要16~25天。瓢虫一年生三代，子生孙，孙又生子，一只瓢虫一年繁殖的子孙可数以万计。

瓢虫是许多害虫的天敌，人们利用人工繁殖瓢虫来保护农作物，消灭害虫，这便是"生物防治"工程。19世纪80年代，美国加利福尼亚州从我国广东引进柑橘，栽种成功，正当人们筹备欢庆丰收的时候，一种叫作吹棉蚧的害虫，在柑橘树上迅速繁殖，不可抑制。科学家发现吹棉蚧是从澳大利亚带进来的，他们便从澳大利亚引进澳洲瓢虫放在柑橘园中，几个月后，吹棉蚧几乎全被消灭。20 世纪 50 年代，吹棉蚧潜入我国，在广东危害林木，我国也从澳洲引进瓢虫，效果也相当显著，挽救了几十千米的林带。

七星瓢虫

二十八星瓢虫

十一、庄稼的"敌人"蚜虫

五六月间，雨水充足，温度适宜，憋了一个冬天的庄稼放开手脚，舒舒坦坦地生长。过了没多久，人们突然发现这些长势良好的庄稼，几张叶子翻卷过来，渐渐泛黄枯萎，随着整个植株也萎靡不振，停止生长了。长得红红火火的庄稼为啥会这样？原来是蚜虫危害的结果。

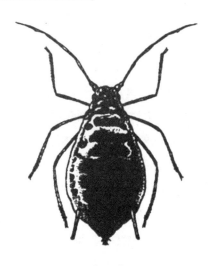

蚜 虫

蚜虫属节肢动物门昆虫纲半翅目蚜科，是臭名远扬的害虫，其中 250 种是对农林业和园艺业危害严重的害虫。世界上蚜虫共有 107 属 4700 种，遍及世界各地，我国也已发现了 110 余种。其中，小蚜属、黑背蚜属、否蚜属是我国特有的种类。蚜虫也是古老的物种，最早出现于 2 亿 8 千万年之前的二叠纪早期。蚜虫个子小，体长仅 1.5 ~ 4.9 毫米，多数为 2 毫米。头部小，腹部大，一般腹部大于头部、胸部之和。眼大。蚜虫的嘴似一枚针，颇锋利，能迅速刺进庄稼的组织里，吸取庄稼的汁液。别看蚜虫身体小，食量却很大，一只蚜虫一昼夜吸取的汁液至少是自己体重的 8 ~ 10 倍，多的甚至超过 30 倍。数百数千万只蚜虫依附于麦、棉、茶、麻等农作物上，拼命地吸取汁液，庄稼从根部吸上来的水分和制造出来的养料全被蚜虫消耗掉了，焉有不枯死之理？

蚜虫怕见阳光，常常栖身在叶子背光的一面。这样一来，叶子背面的水分和养料损失得厉害，植物细胞组织停止生长，而没有蚜虫的一面继续生长，同一片叶子正反面生长速度不一，生长快的一面便向生长慢的一面包卷过去，恰好把生长蚜虫的一面包裹在里面。这样就便宜了蚜虫，它既避免日晒雨淋，又减少了别的昆虫的侵袭，同时给人们治虫带来一定的难度，由此可见，蚜虫是颇有心机的。

蚜虫和蚂蚁是一对好朋友，有着和谐共生的关系。有蚜虫的地方必然会有蚂蚁出没。原来蚜虫的粪便含有丰富的糖和氨基酸，可称为"蜜露"，蚂蚁非常爱吃，所以蚂蚁常常紧紧跟随着蚜虫。瓢虫、草蛉、食蚜蝇是蚜虫的天敌，都是捕食蚜虫的。蚂蚁一旦发现它们在蚜群中活动，便奋勇抗敌，把这些天敌赶走，或把它们咬住不放。有人把蚜虫称作蚂蚁的"乳牛"，把蚂蚁看作蚜虫的"卫士"，蚜虫和蚂蚁是合作两利的关系。蚜虫的繁殖力很惊人，一年至少可以繁殖10代，有的甚至繁殖30多代，世代重叠现象突出，雌蚜虫一生下来就能生育。蚜虫的繁殖不一定要雌雄交配，有时雌蚜虫也能单亲繁殖。一般春季和夏季，蚜虫群中大多数或全部为雌性，这时期的生殖为孤雌生殖和卵胎生。到了秋季，蚜虫就开始有性生殖和卵生，雄性和雌性进行交尾，然后雌性产卵。还有些蚜虫孤雌体内的幼雌虫体内也有自己的下一代，即"女儿"和"孙女儿"一同出生，这便是蚜虫独特的重代现象。一位生物学家做过这样的统计，在北京，一个孤独的雌棉蚜虫，自6月中旬到11月中旬的五个月中，如果它的后代全部成活，就能繁殖672623338074292603508个之多。假设一个棉蚜虫的身体为1平方毫米，上述棉蚜虫摊放在一起，其总面积可为中国面积的60倍或整个地球面积的1.3倍。假设一个蚜虫的体长为1.5毫米，上述这些蚜虫首尾相接，其长度为地球赤道的260亿倍，或相当于太阳与地球距离的700万倍。这么许多的蚜虫给庄稼造成的伤害，简直无法想象。当然这只是一种假设，事实上蚜虫的后代受到各种因素的影响，活下来的少，死亡的多。

蚜虫身体柔软，在长期发展过程中也形成了多种自我保护的防御方式。有一些种类的蚜虫能够使植物形成一个瘿（yǐng，一种不正常的植物组织增生），而蚜虫就生活在瘿中，就避免了天敌的攻击。中国麸蚜制造出来的瘿，还是一味很好的中药，可以治疗咳嗽、腹泻、痢疾、盗汗以及肠道和子宫出血等疾病。在蚜虫生长过程中还有一种有趣的现象，在一年中，有时繁殖的蚜虫生长翅膀，会飞；有时繁殖的蚜虫不生长翅膀，只会短距离爬行。蚜虫什么时候繁殖的会生长翅膀？什么时候繁殖的不会生长翅膀？这与它所吃庄稼的含水含氮素营养的多少有着密切的关系。有人做过试验，把蚜虫养在幼嫩的植株上，居然连续若干代不生长翅膀，当食物条件不好时，它就生出带翅膀的后代来。如棉蚜虫，在棉花幼苗上为害的棉蚜虫繁殖的后代不生长翅膀，等到棉花要现蕾时，就生出带翅膀的蚜虫来；瓜上的蚜虫，到结瓜或开始膨大时，生出的蚜虫会生长翅膀，相反水多肥多瓜叶鲜嫩时生的蚜虫不会长出翅膀。因为蚜虫在"安居乐业"的时候，不用迁移，生出来的翅膀也是多余的，面临缺水少食的危险时，为了种族的生存，亟须寻找新的食源，于是蚜虫就长出了翅膀。

看来，蚜虫是十分聪明的，比我们人类还讲究功利，是典型的功利主义者。

十二、神秘的蚂蚁王国

　　当代著名作家金马曾如实描绘了蚁群与烈火奋斗的壮烈一幕：

　　"一位明眼的巴西向导忽然向我们叫道：'一群蚂蚁被大火包围了。'我们随着他指点的方向看去，可不是：被火舌缩小着的包围圈里已经变成了黑压压的一片。这群可怜的蚂蚁肯定要葬身火海了。我心里惋惜地想着。火神肆虐的热浪里已夹杂着蚂蚁被焚烧而发出的焦臭气味了。可万万没想到，这区区的弱者并没有束手待毙，竟开始迅速地扭成一团，突然向河岸的方向突围滚去。蚁团在火舌舐动的草丛间越来越迅速地滚动着，并不断发出外层蚂蚁被烧焦后身体爆裂的声响，但是蚁团并不见缩小。显然，这外层被灼焦的蚁团英雄们至死也不松动丝毫，肝胆俱裂也不放弃自己的岗位。"

蚂　蚁

蚂蚁无私无畏、不怕牺牲、团结奋斗的精神，实在令人敬佩，值得赞扬！我们人类有时也会自愧不如。

蚂蚁属节肢动物门昆虫纲膜翅目蚁科。蚂蚁种类繁多，世界上已知11700多种，我国也有600多种。一般体形小，体长为0.2～2.5厘米。体壁具有弹性，体态光滑或有微毛。体色有好多种，一般为黑色、褐色、黄色、橙色和暗红色五种。蚂蚁也和蜜蜂一样，群体生活，内部组织严密，分工明确，各自尽职尽责，还相互协作，共同做好工作。它们的社会成员有四种：雄蚁、可育雌蚁、工蚁和兵蚁。雄蚁和雌蚁均有翅膀，交配后雌蚁的翅膜自行脱落，以后便专司繁殖后代，一般不外出。它体形最大，特别是胸部大，生殖器官发达。它们生殖力很强，日产卵6000～30000粒。这种雌蚁称为蚁后。雄蚁有发达的生殖器官和外生殖器，是不参加劳动的，它的唯一任务便是和雌蚁交配，交配完成后不久便死亡。它们和蚁后一样是靠工蚁来饲养的。工蚁和兵蚁都是无翅不育的雌蚁。工蚁在群体中个体最小，但数量众多，善于步行和奔走。其职责是建巢、外出采食、饲养幼蚁和蚁后，专事蚁群中的一切劳务，几乎天天在寻找食物。兵蚁专司御敌保卫的职责，它们头部大，而且具有特大的上颚，适于争斗。兵蚁中也有分工，侦察兵、哨兵、特种兵，甚至还有生化兵。生化兵是专门喷射蚁酸，用来烧伤腐蚀对手的。蚂蚁的寿命很长，工蚁可生存几星期至10年，蚁后可存活几年甚至10年。一个蚁巢在一个地方可生存几年至十几年。同种个体间还能相互合作，共同照顾幼体。在蚁群内至少有两个世代重叠，而且子代还能在一段时间内照顾上一代。

蚁群的大小因种类的不同而不同，如小家蚁只有 35 ~ 1400 只，而红褐林蚁却有 2×10^4 ~ 8.9×10^6 只。蚂蚁的巢建筑于土下深处或近表土层，少数可高出地面呈土垄形，或在砖头石块下，有时可在居屋的墙壁内。蚂蚁是杰出的建筑专家，它们把巢分成许多小洞穴，不同的蚂蚁住在不同的洞穴中，它们还有储食的仓库和专门育婴的房间，而且穴穴相连，四通八达。所以成千上万只蚂蚁生活在一起，井井有条，一点也不感觉到拥挤。

蚂蚁有自己的特殊语言，用它来传递信息，保持同伴之间的联络。两只蚂蚁相遇，除了用头上的触角或身体相互接触，传递信息，它们还有一种蚂蚁的特殊的"语言"，这便是"信息素"，是蚂蚁分泌到体外的一种化学物质。蚂蚁外出觅食时，在回来的路上，上腹部末端和足上腺体会排出类似于路标的信息素分泌物，形成了"气味走廊"，同伴就根据这些气味寻找到觅食的地方，蚂蚁还会借这些气味辨别谁是"家人"，谁是"外人"，并把"外人"挤出蚁巢。人们戏称蚂蚁这种以"气味"来传达信息的联络方式为"化学语言"。蚂蚁不仅嗅觉灵敏，而且视觉很发达，它们能根据蓝天、太阳和周围的景致来识别方位和行走的路线，所以蚂蚁一般是不会迷路的。

蚂蚁虽小，可称得上动物界的"大力士"。一只工蚁可以举起相当于自身重量 10 倍的物体，但是体重 3 吨的大象仅仅能卷起重量为一吨的大树。大象面对蚂蚁，在力量上也自愧不如。

　　蚂蚁有些行为很特殊，如美洲有一种农蚁，它们能如农民一样种植粮食。它们先把蚁巢附近的杂草除去，然后种一种禾本科作物，作物成熟了便摘其果实，藏于洞中作为越冬粮食，待到来年再次耕种。巴西有一种摘叶蚁，它们成群地把树上的叶子摘下来运回巢穴，并把树叶咬碎，制成菌床，培育一种真菌，供它们食用。令人惊讶的是，这种蚂蚁还懂得保留菌种，每次搬入新居时，工蚁总会把一块孢子囊带到新的菌床上。这样周密的操作过程与微生物学家比起来也不会逊色。再如，蚂蚁喜欢吃甜食，蚜虫的腰部能产生"蜜露"，是蚂蚁爱吃的东西，因此蚜虫常常是蚁巢的座上客。蚂蚁对蚜虫也关怀备至，冬天它们把蚜虫运到蚁巢中过冬，来年春天，它们再把蚜虫搬到树上。这与人类放牧挤奶的行为也极为相似。在巴西热带雨林中有一种蓄奴蚁，专门掠夺、蓄养别的蚂蚁为其干活。

　　蚂蚁是一味中药，具有延缓衰老、治疗风湿、强肾和保肝的功效。但不是所有的蚂蚁都能入药，有的蚂蚁还有毒。

　　蚂蚁虽小，却很了不起。正因为这样，历史学家吴晗先生曾惊叹道："我看蚂蚁的小小王国，就很有趣，能不能写成一本书？"

十三、庄稼的"头号敌人"
蝗虫

近几年来，关于蝗虫的灾害不大听说了，但翻开前几年的报刊，关于这方面的报道还是触目惊心的。

1942 年，河北省黄骅县一带的蝗虫不仅吃光了庄稼和芦苇，甚至把糊窗户的纸也吃得精光，有的地方还将人的耳朵咬破。1985 年，天津地区蝗虫骤起，一下子将 10 万亩苇地和数百亩玉米吃得精光。9 月下旬蝗群向南迁飞，蝗虫群长达 100 千米、宽 30 多千米，影响到 5 个县区，受灾农田面积达 250 万亩。1998年，山东、河南、河北和天津等地发生蝗灾，80 万公顷的庄稼遭殃。1999 年蝗虫又肆虐河南，受灾面积达 237.5 万亩。

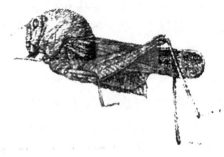

蝗虫

自古以来，水灾、旱灾、蝗灾被称作农业生产三大自然灾害，三灾中以蝗灾为最虐。数以千万计的蝗虫蔽空而来，天空为之一暗，所过之处庄稼一扫而光，连草木也会统统吃尽，有时甚至连室外的猪羊也难以幸免。蝗虫过后，满目凄凉，一点也看不到绿色植物。人们往往谈蝗色变，尤其是在科技不发达的旧社会，面对突如其来的蝗灾，更是束手无策，欲哭无泪。

蝗虫俗称"蚂蚱"，属节肢动物门昆虫纲直翅目。全世界除南极洲外大部分地区都有分布，约有一万余种，我国也有1000余种。它们是夜伏昼出，白天活动。通体常为绿色和黄褐色。蝗虫基本上分为两大类：一类是飞蝗，能远距离飞行；另一类是土蝗，一种土生土长的蝗虫，只能做近距离的飞行。前者个头大，似粗壮大汉；后者个头略小，似形体单薄的书生。蝗虫头部有一对触角，上面广泛分布着感觉器，专司触觉作用。一对大复眼，位于头部，左右两侧各一只，还有三只单眼。嘴里有一副坚硬有力的牙齿。身体呈扁圆柱形，背部有两对大而长的翅膀。整个身体可分成头、胸、腹三个部分。胸部有三对足，前足、中足较短小，适宜于步行，后足粗长，肌肉特别发达、健壮，适宜于跳跃，一次就能弹跳到1米高度。蝗虫既能飞，又能跳，动作十分灵活。每年秋末是蝗虫繁殖产卵的季节，雄蝗虫用摩擦发出诱惑性的声响以吸引雌蝗虫。雌蝗虫一生可以交配多次，分批次产卵。蝗虫对产卵场所的挑选十分严格，一般要选择土质较坚实的土壤。如果在干旱天气，土壤湿度较大的荒地，是蝗虫产卵最理想的地方。如果在大水的涝年，它们常常选择未受水淹的河堤、沟埂等较高的地段产卵。它们也爱在湖水或积水下退地区地形略高的地方产卵。它们选择的场所不是听汇报，也不是道听途说，而是要进行实地考察的。雌蝗虫腹部后端有两对坚硬的卵瓣——背瓣与腹瓣，雌蝗虫看中了地方，便用一对大脚撑着地面，靠卵瓣张合伸缩，把土壤向四面分开，钻成孔道，亲自体验一下土壤的硬度与湿度，一直要寻找到比较理想的场所，才肯产卵。它们一面排出受精卵，一面排出如泡沫状的胶体，把所产出的卵严严实实地包裹起来，产完卵后便把洞口封好。让卵在洞中度过严寒的冬季，等到来年春暖花开的季节，这些受精卵才逐渐孵化出幼虫——蝗蝻。

蝗虫吃的东西十分广泛，也很杂，主要吃禾本科和莎草科植物，最嗜吃芦苇、稗草，那些小麦、玉米、高粱、水稻、甘蔗、棉花、大豆等农作物也很喜欢吃。蝗虫的食量大得惊人。一只蝗虫每天要吃掉比自身的体重重 20 倍的食物，相当于0.5 千克的食物。在过度饥饿的时候，甚至连同伴的尸体也不放过。历史上郓城地区一次蝗灾，一个农户十余头猪没有及时赶回家，都被蝗虫啃得只剩一堆白骨。

蝗虫爱群居，无论是在天空飞翔，还是在地面栖息，都保持着合群性，很少有离群独居的。蝗虫的灾害也主要体现在合群性上，成千上万的蝗虫经过的地方，草皮不啃光才怪呢。蝗虫的合群性，一方面是由集中产卵造成的，因为蝗虫对产卵的地方要求较高，适宜的地方自然不太多，必然形成许多蝗虫集中在一个范围不太大的地方产卵，这些卵处于同一条件下，差不多同时孵化成幼虫，蜕化成成虫，它们之间逐渐形成了互相靠拢、互相跟随的生活习性；另一方面是与蝗虫特有的心理需求有关，蝗虫怕冷喜温，它们不仅不断从自然环境中获取热量的补充，使体内保持一定的温度，而且集群而居，用彼此相依、彼此相拥的办法维持体温，确保热量不易散失。由于它们自身的种种原因，蝗虫越聚越多，动辄数千万只。

数千年以来，人类一直与蝗虫做斗争，由于蝗虫繁殖力强，再加上蝗灾的突发性，现在虽然不能完全杜绝蝗灾，但已能有效地控制，而且积累了丰富的治蝗经验。防治蝗害的方法多种多样，不仅有农业防治、生物防治、化学防治、物理防治，还可用飞机喷洒农药来灭蝗，都取得了较好的效果。

蝗虫虽然是庄稼的"头号大敌"，但也不是一无是处，它营养丰富，含有蛋白质、脂肪、钙、磷、铜、铁、锰、维生素A、维生素B等成分，而且肉质鲜嫩，美味如虾，有"飞虾"美称。美国常举行"昆虫宴"，招待贵宾，蝗虫是首选的食材。蝗虫也有药用功效，常用于急慢惊风、抽搐痉挛、百日咳、支气管哮喘等疾病的治疗。

十四、"吸血鬼"蚊子

　　夏夜，闷热渐渐消退。经历了一天劳累、酷热的人们躺在凉席上，在微风吹拂中慢慢进入甜蜜的梦乡。这时，几只小虫在你周围翻飞，嗡嗡地叫个不停，似在哼着永无休止的咏叹调，还会趁你不备，在你脸上、身上狠狠地叮咬几口，饱餐一顿鲜血，弄得你又痒又痛，不得入睡。这种讨厌的小虫，便是蚊子。

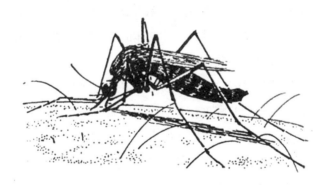

蚊　子

　　蚊子属节肢动物门昆虫纲双翅目蚊科的昆虫。它在动物世界中是一个大家族，据统计，世界上至少有 35 属 3600 多种蚊子。我国也有 18 属 374 种，分布在全国各地，数东北、西北地区的蚊子最厉害，它们嗜血如命，有时赶也赶不走。蚊子身体细长，覆盖鳞片，呈灰褐色、棕褐色或黑色。但不是所有的蚊子都吸血，其实吸血的只有少数几种，而且都是雌蚊虫。雌蚊虫一旦婚配，一定要吸血，因为只有吸了血，才能使卵巢发育；同时为了获得更多、更好的营养，确保后代的健康。大多数蚊子吸血一次后体内的卵才成熟。大多数蚊子是以吸吮植物的汁液为生的，它们不叮咬人。

　　蚊子吸血是很讲究的，也不是任何人的血都吸，它先要"调查研究"一番。蚊子在人们周围盘绕飞行、哼哼唧唧、自言自语，便是在巡视探查了。它一面任意逛荡，一面用它的触角和肢足上的感毛感受周围的环境，搜集"情报"。这些感毛上既有听觉感受器，也有化学感受器，对人们出汗和呼吸时排出来的乳酸、激素、氨基酸、二氧化碳以及人们皮肤的温度、湿度很敏感，当感毛感受到人体气体的刺激时，蚊子便有了目标，开始跟踪这股温暖而潮湿的气流，最后准确地降落在人们皮肤的毛孔附近叮咬。所以，在同一屋里睡觉的人，有的被蚊子选中，受到蚊子的围攻；有的却安然无恙，无蚊问津。一般来说，皮肤白嫩、气味浓度高的人，对蚊子最具有吸引力。这也是许多妇女、孩子容易遭受到蚊子叮咬的原因。

　　蚊子能如意地吸血，靠的是一整套奇妙的吸血工具——特殊的刺吸式口器。口器藏在口鼻末端的针状喙里。由 6 根"钢针"合并而成，每根针比人的毛发还要细。蚊子的上嘴唇似一条有钩的针，舌变成一根管状的细针，大颚形成两条锋利的刺刀,小颚变成锯齿形的刀片。吸血时,6根细针合为一束,协同作战:先用锯齿刀片在人的皮肤上来回锯,同时用针不停地向皮肤里刺,开一个可供管子进出的小孔。然后用一根软管在人的血管中注射含有抗凝血剂的唾液,这种唾液可使人的血液变成不凝固的稀薄血浆。接着再把另一根软管送进血液中,美美地将鲜红的血液吸入内脏。蚊子一般只需要一分钟就可完成这么复杂的"外科手术",吃得饱饱的,连肚皮都吃红了。它的吸血量是受腹神经索控制的。蚊子"酒足饭饱"后,慵懒得不想动弹,便躲在近处休息,被人们发现,一掌拍中,便见一片血迹。

蚊子的生长发育分为卵、幼虫、蛹和成虫四个阶段。前三个时期生活在水中,成虫生活在陆地上。雌蚊的滋生场所因种类不同而不同,一般为湖泊、沼泽、稻田、水塘、沟渠、水坑以及树洞、叶脉等积水处。雌蚊把卵产在水里,也有的产在湿土表面和容器内壁,一两天后卵孵化成幼虫,称为孑孓,栖息于水中,用气门或呼吸管呼吸空气,摄食水中的有机物和微生物。孑孓经过四次蜕皮变成蛹,又经过羽化变为成虫。完成一代发育,需要9~15天时间,自卵发育到成蚊所需的时间取决于温度、食物及环境等因素,最适宜的温度为30℃。蚊子一年可繁殖7~8代。蚊子的寿命一般为7~10天。

蚊子是大害虫,倒不在乎它的吸血,它吸血量有限,让它饱餐十次,还不到一滴血液。蚊子留在血管里的唾液,会给人们带来搔痒,但过一段时间就好了,也无关紧要。最可恶的是蚊子身上常常带有疾病的原体,通过吸血可以传播疟疾、肝炎、黄热疾、丝虫病、乙型脑炎等 80 多种严重的疾病，给人们的健康带来危害。据世界卫生组织的资料表明，全世界至少有 6 亿人以上被蚊子传播的疾病所威胁，3.5 亿人被蚊子传播的病菌所感染。

蚊子虽然是人类的一大害虫，但在仿生学上还是有可利用的。许多人害怕打针，是因为怕痛，而蚊子叮咬却毫无感觉。日本科学家依据蚊子吸血的原理制造了"无痛注射器"。美国科学家模拟蚊子柔软的身体、轻薄的翅膀和飞行的姿态，研制了微型飞行器，用来刺探敌情、侦察地形和拍摄照片。这便是所谓黄蜂大小的"蚊子无人机"。

十五、传播疾病的苍蝇

　　我们在日常生活中最讨厌的昆虫，除了蚊子就数苍蝇了。苍蝇喜欢与肮脏为伍，它的幼虫滋生在腐败的有机物、污水和人畜粪便之中，长大了依旧离不开垃圾堆、人畜粪便、腥臭腐败的污物。整天在垃圾堆中窜来窜去，令人厌恶。它与老鼠、蚊子、臭虫一起被定为"四害"，是人人喊打的有害昆虫。

　　苍蝇属节肢动物门昆虫纲双翅目环裂亚目蝇科。体形小到中型，触角短。有5只眼，其中2只复眼、3只单眼。前翅膜质，用来飞翔，后翅退化为平衡棒，隐于前翅基部的翅瓣下。苍蝇有6只脚，行走时，每侧前后脚与对侧的中脚组成一个"三角形"，共组成两个三角形，当第一个三角形向前跨步时，另一个三角形便支撑身体，确保身体平衡。正因为这样，苍蝇既可以在平面上行走，也可以在摇摆的物体和光滑的窗玻璃上行走自如。苍蝇分布很广，几乎遍及全世界。全世界共有3000种，我国约有500余种。

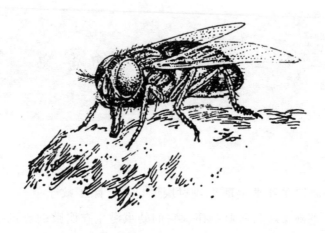

苍 蝇

苍蝇浑身积满了无数的细菌，一只苍蝇大约能携带 700 多万个病菌。它带着许多病原细菌在人类居住场所到处乱窜，乱叮食品，污染物品，传播着霍乱、伤寒、痢疾、小儿麻痹、结核病等的多种疾病，严重危害人类的健康。苍蝇繁殖很快，它们一次交配，便可终身产卵。一只雌蝇一次能产 100～150 枚卵，最多可达 300 多枚。一生可产 5～6 次卵。一年内可繁殖 10～12 代。从卵到成虫要经过四个阶段：卵、蛆、蛹、成虫。完成这四个阶段只需要 13 天。如果气温超过 30℃，8 天便能完成。据科学家测算，一对家蝇在适宜的条件下，5 个月中可产 109 万亿只苍蝇，速度惊人。所以苍蝇危害特别严重。

苍蝇传播疾病与它的嘴巴有关。它的嘴称作"舐吸式口器"，上唇像一个三角形的小片，盖在口器的上端，下唇是一个有槽的吻，吻末端膨大，上面有许多小管，槽内有许多小齿和唾液管。苍蝇就凭这奇特的口器进食。苍蝇喜欢吃液态的食物，如糖浆、菜羹等。它会很兴奋地将吻端贴近液体食物的表面，靠众多小管毛细作用，把液体吸入口内，既轻捷又十分方便。比如苍蝇见到糖块、馒头等固体食物，便先从口中排出唾液，涂在食物表面，将食品溶解后，再用小管吸进体内。如果遇到颗粒稍大的食品难以溶解，苍蝇会用吻槽内的小齿刮食品的颗粒，再用唾液溶解，最后吸入口中。苍蝇在进食的同时，便不知不觉地把各种各样的细菌留在食品中。另外，苍蝇的习惯是边进食，边呕吐，边排泄粪便。据科学家研究发现，在食物丰富的情况下，苍蝇每分钟要排便 4～5 次。这样一来，就会把含有大量细菌的"粪便"排泄在食品表面。所以凡是苍蝇叮过、爬过的食品，就不干净了，人们千万不可再食用。

苍蝇身上带的细菌无法计数，然而奇怪的是苍蝇从来没被这些病原细菌感染。经过许多昆虫学家和病理学家多年探索，终于揭开了其中的奥秘：一是与苍蝇的消化能力有关。苍蝇从进食、消化、吸收有效成分，到排出废物，一共只需要 7～11 秒，各种细菌在苍蝇体内停留的时间太短，不可能大量繁殖对苍蝇构成危害。我们人类则不同，一般食物在人体内停留 24 小时左右，一天一夜的时间对病菌的繁殖来说，相当充裕了。如果人本身抵抗力不强，就容易生病。二是苍蝇体内能分泌出两种很有杀伤力的免疫球蛋白，叫作 BF64 和 BD2。这两种球蛋白存于苍蝇的免疫系统中，一旦病菌侵入苍蝇体内，它们被迅速地分泌出来，而且分泌得越多，免疫系统制造它们的速度也越快，它们准确出击杀灭病菌，并和病菌同归于尽，所以苍蝇不容易患病。

苍蝇的确是人人唯恐避之不及的害虫，但也可以变废为宝，服务于人类。有些地方已在开展人工养殖无菌苍蝇。它不仅可以做鸡鸭的饲料，更重要的是可以从苍蝇身上提炼人类必需的蛋白质和维生素，提炼出杀菌力极强的抗菌物质，这些抗菌物质包括抗菌肽、抗菌蛋白、壳聚糖等。抗菌效果远远比青霉素强多倍，而且灭菌范围相当广泛，对任何病原体都能杀灭。如果把它提炼出来，用于人类疾病的治疗，这将是造福人类的一件大事。许多科学家正在做这方面的努力，到那时，苍蝇的是非功过如何评说，就另当别论了。

十六、大地上的"清道夫"
蜣螂

　　古埃及人对蜣（qiāng）螂很崇敬，达到顶礼膜拜的程度。古埃及人把圆球看作天空星球的象征，因此把圆球视作神圣的东西。在春天的田野里，他们经常看到一种体态威武、全身发黑的甲虫推着一个比自身大得多的圆球在路上滚动，十分惊讶，认为这种甲虫是接受了"神"的旨意。为了表达他们对这种甲虫的崇拜与尊敬，把蜣螂看作神圣的动物，称蜣螂为"神圣的甲虫"。

　　其实，蜣螂一辈子都是和粪便打交道的不洁之物，我们习惯上称它为"屎壳郎"。它属节肢动物门昆虫纲鞘翅目金龟科，是完全变态昆虫。全世界共有20000余种。它是一种大型甲虫，体长23.7～40毫米，宽16.8～23毫米。最大的巨蜣螂有10厘米长。身体短阔，呈椭圆形，背面十分圆隆，全身黑色或黑褐色，稍带光泽。背上有坚硬的鞘翅，头上有特殊的瓣状触角，也十分坚硬。它能利用月光偏振现象进行定位，以帮助取食。它通常生活在潮湿、肮脏的地方，以粪便和垃圾为食。

蜣螂

　　蜣螂遇到潮湿的人畜粪便，"夫妻"俩便用头上瓣状的触角——像圆形的钉耙一样，把粪便推堆在一起，用3对前足搓动、拍打，逐渐形成枣子那么大的圆球，然后把小圆球推着来回滚动，粘上一层又一层的土，有时土太干燥粘不上，它们便用自己的粪便粘上去。接着"夫妻"俩滚动粪球。雌性在前，用后足抓紧粪球，前足行走，用力向前拉着粪球走；雄性在后面，用前足抓紧粪球，后足行走，向前推着粪球走。碰到障碍推不动，后面的就把头低下来，用力向前顶。粪球越滚越大，有时大如苹果，要比它们的身体大好几倍。

　　蜣螂把粪球推到一个它们认为比较安静适宜的地方就停下来。"夫妻"俩用头上的触角和3对足，努力把粪球下的土挖松，扒掉，使粪球逐渐下沉，再将松土从粪球的四周翻上来，大概要忙碌好几天。粪球越陷越深，一般要沉到0.6米左右才停止。接着，雌虫便用头和足在粪蛋上打洞，把受精卵排在里面。"夫妻"俩再用翻出来的土把粪球埋好，并逐层压紧，直到与地面平齐才歇手。一般滚一个球，便产一次卵。6天后，受精卵在粪球中渐渐孵出白色的幼虫，幼虫就以粪为营养，一直到幼虫化蛹。蜣螂辛辛苦苦推粪球，原来是为下一代储备粮食，这是它们适应生活和传宗接代的一种本能的行为。然而，在蜣螂的同类中，也有些懒汉和无赖，不好好劳动，常常伺机在半路上去抢夺滚动着的粪球，妄图占为己有，双方为此开展搏斗。如果"强盗"获胜，不但掠走粪球，连别人的"妻子"也一起掳走。这些无赖实在可恶！

我们完全可以利用蜣螂推粪球的本能来清扫环境。澳大利亚是以畜牧业闻名的国家，众多的牛羊每天要留下1亿多千克的粪便，严重污染环境，使苍蝇成灾，草原退化，着实令人头疼。后来，他们从中国进口蜣螂，让蜣螂帮助推粪，打扫卫生。没有几年，草原便恢复了生机。

蜣螂广泛分布于中国河北、山西、广东、广西、四川、云南、贵州、西藏、福建、台湾等地区，另外在越南、尼泊尔等地也有。蜣螂是有名的药用昆虫，两千多年前的《神农本草经》就记载了它的药用功效。但只有雄性蜣螂可以入药，因为雄性含有1%的蜣螂素。药性味寒，具有镇惊、止痛、破瘀、攻毒、通便等功效。

十七、树木的"头号敌人"蝉

自古以来的文人墨客对蝉一往情深，不惜笔墨对它大加讴歌，留下不少名篇佳句。最有名的要数唐朝虞世南的那首写《蝉》的绝句："垂緌饮清露，流向出疏桐。居高声自远，非是藉秋风。"现代著名作家郑振铎在《蝉与纺织娘》的美文中，对"蝉"美妙的歌声也做了淋漓尽致的描绘：

"蝉之声是高亢的，享乐的，带着自己满足之意的；它高高地栖在梧桐树或竹枝上，迎风而唱，那是生之歌，生之盛年之歌，那是结婚曲，那是中世纪武士美人大宴时的行吟诗人之歌。无论听了那'叽……叽……'的漫长声，或'叽格……叽格……'的较短声，都可同样感受到一种轻快的美感。"

读这样的诗文，仿佛耳朵旁响起了蝉的鸣声。

蝉属节肢动物门半翅目蝉科。全世界已知有 3000 多种，我国约有 100 多种。分布在温带至热带地区。当体温过热时，它会从背板排出多余的水分，达到散热的效果。个体粗壮，体形不大，体长多为 2 ~ 5 厘米。复眼两只，还有 3 只单眼，呈三角形排列。触角又短又硬，呈刚毛状。口器细长，属于刺吸式，口器内有食管和唾液管。胸部分为前胸、中胸和后胸三个

蝉

部分。前胸和中胸较长,中胸背板特别发达,后方呈"X"形隆起。3个胸部都有一对足,腿节粗壮发达。腹部呈长锥形,雄蝉腹部靠后足的下方有发音器,雌蝉腹部有产卵管。

蝉一向被誉为绿树的"歌唱家"。的的确确,在夏天的午后,闷热得让人心烦意乱,突然从绿树丛中传来一两声蝉鸣,会使人顿生清凉之感。但令人奇怪的是,蝉高歌不用嘴巴,也不用喉,它的发声在腹肌部,像蒙上一层鼓膜的大鼓,由体内输出的电流刺激腹腔内的鸣肌,鸣肌便产生每秒钟收缩一万次频率的振动来发出的。也不是所有的蝉都会鸣叫,只有雄蝉才会鸣叫,其实它的歌不是给人们欣赏的,而是专门唱给雌蝉听的,是雄蝉向雌蝉发出求爱的信号。蝉鸣叫的声音很大,数只蝉在一起鸣叫,声音就大得吓人。这样大的声音,雄蝉自己一点也听不到,有人做过试险,隐蔽着对鸣蝉敲锣、打枪,蝉毫无察觉，照样肆无忌惮地高歌。蝉其实是聋子，它听不到声音。蝉的眼睛却很敏锐，5 只眼睛上下左右任何一方发生的事情它都看得清清楚楚，一旦它发现有什么动静，就会立刻停止歌唱，悄然离去。

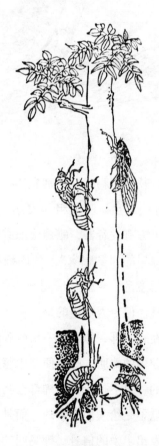

蝉的成长过程

自古千年来，人们都赞美蝉，其实是我们被它的表面现象蒙蔽了。从它的行为来看,蝉是不值得赞扬的,它并不是人类的朋友,而是隐蔽狡猾的敌人。蝉吃、住、繁殖后代都在树上。蝉的头部腹面有一个很长的嘴——精巧吸管的前端尖利如锥子。运用长嘴巴钻透柔滑的树皮,吸取树的汁液来充饥解渴,对树木的损伤十分严重,尤其是在干旱的季节,我们常看到一些树木没有生气,纷纷掉黄叶,很可能是蝉造成的。蝉也喜欢把受精卵产于树上,蝉产卵的枝条一般较小,这些细枝大都是向上翘起的。蝉用长嘴在树枝上打洞,一根枝条上,一般要打 30 个或 40 个孔,每个孔内产十多粒卵。一只蝉一个夏天一般要产 300~400 粒卵。这些受精卵要在树洞中度过一个冬天,到第二年夏天才孵化出幼虫——蚱蟟。蚱蟟爬出树洞,蜕去一层皮,先在树枝上生活一段时间,就落到地面上,用前足奋力地挖掘一个小洞,钻下去,把整个身体埋藏在地下。不能钻地的蚱蟟随着冬天的来临,不是冻死就是被虫鸟吞掉。在地下,蚱蟟又用较长的时间不断挖掘,最后形成像人的小手指那样粗的 15~16 寸的隧道,隧道的周围用它自己吐的黏液涂抹,弄得十分光滑、坚固,犹如人们用水泥粉刷的墙壁一样。隧道的端点,常常与植物的根须相连。它便从这些根须上不断地吸取汁液,供养自己。蚱蟟一般要在地下生活 3~4 年,长的要5~6 年。美洲有一种蝉要在地下生活 17 年。在地下,蚱蟟无忧无虑,冬天不怕冷,夏天不怕热,而且树根里的水分、营养很充足,生活得十分安逸。蚱蟟度过了漫长的地下生活方破土出来。经过一段时间的徘徊,爬到小矮树或一片野草叶上,再蜕去一层皮。刚蜕皮的蚱蟟比较弱小,颜色是淡绿色的,经过日光和空气的沐浴，身体才渐渐强壮，全身也开始变成棕色。这时才真正成为成熟的蝉，开始高歌求婚。蝉在绿树丛中高唱大约五周，完成交配，产下卵，便结束了一生。蝉成熟后寿命一般为 60~70 天。

蝉的一生都是享用树木的汁液，公正地说，它是树木的"头号敌人"，自然也是我们人类的敌人。然而，它也不是一无是处。蝉身体里富含蛋白质高达 72%，其不失为天然的营养品，我国古书《礼记》中就记载，蝉不仅是一般平民百姓的食品，而且是君王贵族筵席上的佳馔。蝉幼虫最后一次蜕下的壳，称为"蝉衣"，也是一味有名的中药材，常用于治疗外感风热、咳嗽喑哑、咽喉肿痛、风湿瘙痒、破伤风、小儿惊痫等疾病，疗效显著。

十八、除害"飞行家"蜻蜓

谁都见过蜻蜓，尤其是农村的儿童谁没有捕捉过蜻蜓？

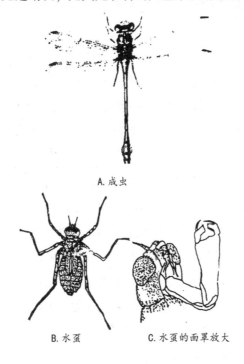

A. 成虫

B. 水虿   C. 水虿的面罩放大

蜻蜓及其幼虫

蜻蜓是很可爱的小精灵。每当天气渐渐转热，最先向人们传递春天信息的飞行昆虫便是蜻蜓。它披着各种艳丽的外衣——有粉红色的，有淡黄色的，有金黄色的，也有蓝色和褐色的，它们成群结队地在空中款款飞翻，不慌不忙，有时轮番盘旋，上下飞舞，似与人们相互逗乐。夏天雷雨前后或夕阳下山的那一刻，蜻蜓常常较多地聚集在一起漫天飞舞，好似天空中的片片浮萍。1984 年 6 月 15 日下午 4 时 20 分，广西南宁西南的桂平师范学校的校园内，约有 10 万只蜻蜓从四面八方赶来大聚会，场面极为壮观，也极为罕见。它们在离地面 12～16 米的空中盘旋，黑压压的一片，阳光为之一暗，20 分钟后它们才相继离开。为什么会这样，谁也解释不清，只有蜻蜓自己知道。

蜻蜓属节肢动物门昆虫纲有翅亚纲蜻蜓目，除南北极外分布在世界各地，尤其是热带和亚热带地区。全世界约有 5600 多种蜻蜓，我国约有 250 多种。蜻蜓也是一种古老的昆虫，最早可以追溯到 3.2 亿年前。蜻蜓长着一颗圆滚滚的能灵活转动的脑袋，口内生着一对坚硬的紫色大颚，脑袋长着一对发达的复眼，颇大，几乎占了整个头部的一半，由 1 万多只小眼组成，这些小眼都与感光细胞和神经相联结，可以辨别物体的形状大小。蜻蜓另有 3 只单眼。靠着 5 只眼睛，蜻蜓在疾飞中不仅能清晰地看到 9 米之外处于活动状态的昆虫，还能正确地分辨出千米之外飞行中的同类。蜻蜓的触角很短，上面分布许多感受器官。蜻蜓是食肉性的昆虫，专门捕食浮尘子、稻飞虱、苍蝇、蚊子等有害昆虫，而且食量很大。一只蜻蜓一小时能吃掉 30 只苍蝇或 840 只蚊子。蜻蜓喜欢生活在潮湿的环境中，一般在农田附近的池塘和河边飞行。

蜻蜓是昆虫中飞行最快和最善捕食的，它有两对很大的翅膀。翅膀上布满密如蛛网的翅脉，能够承受巨大气流的压力。它的胸部特别发达，能够支持两对宽大的翅膀，承受剧烈的飞行震伤。翅的前缘中央长着一颗坚硬的黑色翅痣，起到保护翅膀、维持身体平衡的作用。所以，蜻蜓飞行速度惊人，时速可达40.23千米/小时，在做急促冲刺飞行时，每秒钟的速度可达40米，而且可以连续飞行几个小时不着陆，还能像直升飞机一样，在天空中做出各种各样高难度的惊险动作，如空中停留、随时起降等。蜻蜓晴天飞得高，飞得轻巧。下雨时空气湿度大，飞行时阻力大。蜻蜓成群结队在低空回旋，预示着天将下雨。因此，蜻蜓还有天气预报的作用。

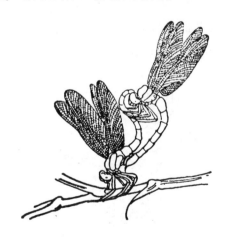

蜻蜓"交尾"

雄蜻蜓和雌蜻蜓各有一个特别有趣的动作：雄蜻蜓爱

"吃"自己的尾巴,雌蜻蜓爱"点水"。

　　先说雄蜻蜓。我们捉住蜻蜓的翅膀时,它会把长尾巴弯过来,有时用腿抱住,也会张开嘴巴咬一下。其实这并不是"吃"自己的尾巴,而是它被擒时挣扎中的一些动作罢了。雄蜻蜓确实有所谓"吃"自己尾巴的怪动作,那是雄蜻蜓交配前的一个准备动作,蜻蜓的交配器生长在腹基部第二节与第三节处,可是生殖孔却生长在腹部末端的第九节上。交配前,雄蜻蜓必须把精子排到自己腹部的交配器内,把长长的腹部弯转过来,伸到自己腹基部,开始排精。这个动作从外表来看很像是吃自己的尾巴,其实是排精行为。蜻蜓的交配也很特殊,我们常常看到一对对蜻蜓一前一后地拉着飞,前面是雄蜻蜓,它用尾巴夹住雌蜻蜓的头或胸部,然后雌蜻蜓把腹部弯转过来,伸到雄蜻蜓的腹基部进行交配。在空中完成交配后,一前一后,双双飞到水边,让雌蜻蜓去"点水"。

产　卵

　　再说雌蜻蜓的 "点水"。雌蜻蜓交配后常在水面上盘旋，不时将尾巴伸入水中。雌蜻蜓为什么有如此玩水的特殊爱好？其实雌蜻蜓点水并非玩耍，而是在产卵。雌蜻蜓在水面轻击几下，就将 200~300 粒卵产入水底。蜻蜓的受精卵一定要生活在水中。需要 2~5 周的时间，受精卵就会孵化出幼虫。幼虫叫作水虿，有 3 对足，却没有翅膀，活像大肚蜘蛛。头、胸部较小，腹部粗壮有力，末端有特殊的呼吸器官，叫作直肠鳃，便于在水中呼吸。虿在水中以昆虫的幼虫、蝌蚪或小鱼为食，尤其爱吃孑孓，一只水虿每天可以吃掉 3000 多只孑孓。水虿在水中一般要生活 1~3 年，蜕皮 10 次以上，然后爬出水面，停在水边的石头上或植物上，蜕去最后一层皮，才羽化为成虫蜻蜓。蜻蜓的寿命较短，一般只有 1~2 月，所以从这个意义上说，别看蜻蜓很潇洒地在天空中飞舞，其实它离死亡的时间也不会长了。蜻蜓与水有缘，它一生绝大部分时间是在水中度过的。

　　蜻蜓可以用来监测环境，也具有食用、药用的价值。

十九、好斗善唱的蟋蟀

自古以来，昆虫入诗入文，蟋蟀称不上榜首，也应该名列前茅。《尔雅疏》中就有"促织鸣，懒妇惊"之句。《诗经》中也有许多吟颂蟋蟀的佳句，如《国风·唐风·蟋蟀》中写道：

"蟋蟀在堂，岁聿其莫。今我不乐，日月其除。无已大康，职思其居。好乐无荒，良士瞿瞿。"

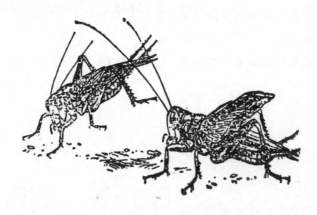

蟋　蟀

唐朝诗人杜甫专门写过一首叫《促织》的诗："促织甚微

细，哀音何动人。草根吟不稳，床下夜相亲。久客得无泪，放妻难及晨。悲丝与急管，感激异天真。"白居易的《闻虫》说："暗虫唧唧夜绵绵，况是秋阴欲雨天。犹恐愁人暂得睡，声声移近卧床前。"众多诗人把蟋蟀的鸣叫描摹得如此哀婉动听。当代著名诗人余光中也在《蟋蟀吟》中写道："就是童年逃逸的那一只吗？一去四十年，又回头来叫我？"把乡音比作蟋蟀的鸣叫，表达了台湾人深沉的思乡情怀。

蟋蟀一名促织，又叫蛩，我国北方俗称蛐蛐，属节肢动物门昆虫纲直翅目蟋蟀科。蟋蟀是一种古老的昆虫，至少已有1.4亿的历史。其种类很多，全世界已有4649种，我国已发现150种，其中台湾有50种左右。多为黄褐色、黑褐色，或为绿色和黄色，大都是杂色。蟋蟀头圆，胸宽，触角细长。个子不大，大多数是中小型。前足和中足相似并同长，后足发达，弹跳很好。蟋蟀善于鸣叫，尤其是月明星稀的黄昏，凉风习习，经过一天劳累的人们，躺在自家屋门口的大树下纳凉，突然传来"曜……曜……曜……"或"嗒曜，嗒曜"的声音，清脆悦耳，十分优美，确实让人舒心荡气，难怪历代文人这么赞美它。

蟋蟀清脆婉转的乐曲，并不是唱的，而是雄蟋蟀左右两只翅膀摩擦而发出的。蟋蟀左翅上有发音器，是一块透明的膜片，中间突起有许多锯齿状，右翅上有一条L型的发音镜，约有150多个小齿。蟋蟀鸣叫时，左右两翅同时振动，摩擦锯齿，便发出悠扬和谐的声音。蟋蟀的鸣叫，不同的音调和频率，表达了不同的含意：雄蟋蟀单独居住时，常常发出

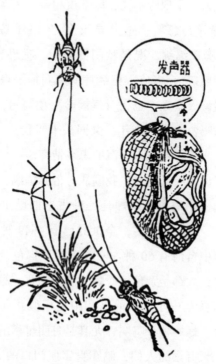

"嚁——嚁——嚁"的叫声，缓慢悠长，这是向雌蟋蟀发出的求爱信息，洋溢着深情。如果找到了配偶，它便发出"嘀——铃——嘀铃"一长一短的叫声，情意绵绵，心满意足，似在倾诉衷肠；若两只雄虫相遇，便发出高亢急促的鸣叫"嚁嚁嚁"，以示严正警告，双方各不相让，越叫越高，企图在气势上压倒对方。

据报载1956年5月8日凌晨4时20分，有一万多只蟋蟀在广西罗城佐德自治县公安局厨房的墙壁上举行近半小时的别开生面的"歌舞联欢会"。它们全都沉浸在歌舞声中。有人用脚猛蹬地板，用木棍猛敲竹椅或用冷水洒在它们身上，它们照样载歌载舞，如痴如醉。到了 4 时 47 分就移身向西，消失在一堵墙外。这种盛况极为罕见，也不知什么原因。

蟋蟀的鸣叫很有趣，随着季节、温度的变化而变化。早秋，雄蟋蟀刚变态成熟，叫声清脆优美；白露，求偶心切，叫声洪亮有力；秋末，叫声沙哑凄惨，表示它的生命临近终结。蟋蟀对周围环境的气温变化极敏感，气温稍有变化，就会影响蟋蟀的新陈代谢，使鸣叫的次数发生变化。英国昆虫学家经过多年的研究，发现蟋蟀在 15 秒钟内鸣叫的次数加上 40，就是当时的华氏气温，而且屡试不爽。这里有什么隐蔽的信息？不得而知。

蟋蟀还好斗。人们爱以斗蟋蟀为乐，明清时代很盛。清代蒲松龄还写过一篇叫《促织》的文章，是写皇帝喜欢斗蟋蟀而造成老百姓家破人亡的故事。这充分揭露封建统治阶级的腐朽而残暴的本质，他们给老百姓带来了灾难。有一种称作"斗蟋"的雄蟋蟀，特别善斗。蟋蟀是喜爱独处的，雄性蟋蟀总是独自居住在一个土穴或土缝中，虽然交配时与雌性蟋蟀生活在一起，但两只雄蟋蟀坚决不可能生活在一起。如果两只雄蟋蟀相遇，就会拼命地撕咬，狠斗起来，直到战胜对方，把它赶走为止。

蟋蟀喜欢栖息于阴凉、土质疏松、较潮湿的环境中，雄蟋蟀筑土穴与雌蟋蟀同居。每年 10 月产卵，多产于杂草多而向阳的田埂、坟地、土堆边缘的土中。卵越冬，到第二年的 4～5 月孵化为幼虫。幼虫蜕皮 6 次（6 个龄期），每次 3～4 天，共需 20～25 天，才羽化为成虫。成虫的寿命可达 141～151 天。

蟋蟀鸣声动听，它的好斗性格成了一部分人的玩物。但它对我们人类却很不友好，它以大豆、花生、玉米、小麦、棉花、蔬菜等为食物。它的口器发达坚实，无论根、茎、叶还是果实，它都能咬断，对我们人类的危害应该是极大的。只不过，在一般地区蟋蟀的数量不多，所以还没有引起人们的重视罢了。

蟋蟀也可入药，主要是利尿消肿，主治癃闭、水肿、腹水、小儿遗尿等疾病。

二十、施放"化学武器"的 气步甲

　　每当我们在荒草丛中或乱石堆边捕捉蟋蟀、纺织娘等有趣的虫类时，常常会遭遇到刺激性很强的臭气袭击，顿时感到头昏、鼻酸以致流泪，不得不扭转身躯暂时闭上眼睛，而中止了捕捉。有时睁开眼睛会看到一种色彩鲜艳的小甲虫匆匆忙忙夺路逃跑。这种施放"屁弹"的小甲虫叫作气步甲，俗称"放屁虫"。

气步甲与犰狳

　　气步甲是属节肢动物门昆虫纲鞘翅目步甲科的。分布在中国、印度、印度尼西亚、日本、菲律宾、法国等地。气步甲个子中等，体长一般为 13 ~ 20 毫米，体宽 3 ~ 5.5 毫米。头黄褐色，中央有黑色的纵斑。上唇棕色，上颚及下唇须棕红色。触角棕红色。头部比前胸背板稍窄，上颚基部外侧有凹槽，复眼突出，前胸背块接近方形。前胸、中胸之间活动自如，中后胸各有一对翅膀。但它的翅膀只是摆设，不善飞翔，多在地表活动。它有 6 只足，行动极其敏捷，有时生活在隧道里，隧道往往挖在土壤潮湿或靠近水的地方。它夜间出来觅食，白天一般隐蔽在落叶层、树皮下、碎石断砖堆里和洞穴中。在热带和亚热带地区，在植株上活动得较多。它爱吃蚯蚓、蜘蛛等小昆虫和农作物的害虫。气步甲的生活史较长，一般 1 ~ 2 年完成一代的更替，以成虫或幼虫过冬。气步甲施放的"屁弹"，是它独特的自卫反击的本领。当它外出觅食时，如果遇到敌害阻拦，或和它抢夺食物，它便转过身来，后足往地上一撑，后腹对准敌人，"轰！轰！轰！"连发数屁，类似爆炸的声响，顿时一股有半尺多高的带有浓硝酸气味的毒雾射向敌人，其射程高达体长 300 倍以上，而且百发百中。这种毒雾十分厉害，常使 1 米多长全身披着盔甲的犰狳望而生畏，只得迅速逃窜，其他动物更不在话下。螳螂、青蛙、老鼠等碰到这种毒雾，眼睛会失明，人的皮肤接触到这种东西也会被灼伤。

气步甲的"化学炮"为何有如此大的威力？德国科学家艾斯纳等经过反复观察研究，逐渐揭开了这种"化学武器"的面纱。原来，气步甲腹部后半部分体内有一套特殊的防卫器官——特殊的化学反应室和贮液室，由一些特异的组织和腺体组成。反应室的两侧有两个腺体，一个生产、储存苯二酚，另一个生产过氧化氢。两个腺体有阀门与反应室相通，平时两种物质相互隔离，十分安全，气步蚺也过着平静的生活。一旦遇到强敌，受到威胁时，气步蚺便会猛烈地收缩腹部，把两种物质排入反应室，在催化酶的作用下，发生反应，迅速产生大量的黄色有毒的苯醌，同时产生大量的可达100℃的热量，使苯醌的水溶液沸腾后以雾状物喷射出来。气步蚺的腹端，有像炮筒状的小孔，它可以把此炮口调整到任何方向，向来犯者频频发炮。在化学反应室的内表面，有一层坚韧的衬膜，由类似昆虫骨骼那样的物质组成，足以抵挡化学反应物毒素的侵袭。所以，气步蚺厉害的"化学武器"对自身一点也没有伤害。

气步蚺的"化学武器"给了科学家很大的启示，现代泡沫灭火器、火箭及化学武器都是根据气步蚺的体内结构设计出来的。如液态火箭的推动装置，人们将液体的氢气和氧气分别贮在火箭内不同的容器中，由阀门通向燃烧室，一旦火箭点燃，阀门开启，氢气和氧气通过管道分别进入燃烧室，剧烈的化学反应产生大量的热量和水，水又沸腾为高压的水蒸气，从尾部喷出，形成巨大的反冲力，使火箭高速前进。但无论我们如何模仿，设计得如何巧妙、周密，与气步蚺相比，我们的设计能量消耗大，反应的效率远远赶不上气步蚺。

大自然赐予气步蚺这种小小的昆虫的威力不能不使人类惊叹！

二十一、多姿多彩的蝴蝶

　　"每岁孟夏，蛱蝶千百万会飞此山，屋树岩壑皆满。有大如轮，小于钱者，翩翩随风，缤纷五彩，锦色灿然，集必三日始去，究不知其去来之何从也，余目睹其呈奇不爽者盖两载。"这是清人张泓在《滇南新语》中描绘的昆明圆通山蝴蝶会的盛况。多么美丽，多么壮观！这是自然界的奇景。

　　蝴蝶属节肢动物门昆虫纲鳞翅目锤角亚目。蝴蝶被誉为"会飞的花朵"。它的美主要体现在宽大而艳丽的翅膀上，色彩斑斓的翅膀上下翻飞，是何等的景象！蝴蝶身体瘦长，有一对触角，大部分呈棒状或锤形。它的口器很特别，有一根专门用来吸吮花蜜、树浆、果汁的吸管。不用时，会把口器卷起来，盘成一团。蝴蝶的身体和翅膀都被扁平的鳞状毛覆盖，这些鳞片像房上的瓦片一样层层排列，随着鳞片的不同排列，形成各种色彩的斑纹。鳞片表面含油脂，可以防雨水。全世界有20000多种蝴蝶，世界各地的森林、灌木丛、沼泽地和干旱地区都有蝴蝶的身影，在南美亚马孙河流域集中着全世界三分之一的蝴蝶，我国也已发现超过2200种，仅香港就有蝴蝶150

多种。蝴蝶的体形多数属于中型至大型，展翅范围为 15～260 毫米。有的较大，如大鸟翼蝶，翅膀张开有 30 厘米宽，比小学生的书包还大，重量达 5 克左右。蝴蝶都是在白天活动。世界上的动物，可以分为变温动物和恒温动物两大类。蝴蝶属于变温动物，它的体温会随着周围环境温度的变化而变化。周围环境温度升高，它的体温就高；周围环境温度降低，它的体温就低。因此，蝴蝶的活动直接受外界气温的支配，即外界环境气温高，蝴蝶活动频繁；外界环境气温较低，蝴蝶的活动就迟缓，甚至不活动。它活动的最佳温度为 25～35℃。早春和深秋的清晨，气温较低，蝴蝶便面向太阳张开翅膀取暖，等体温上升到适宜活动的温度时才开始活动。

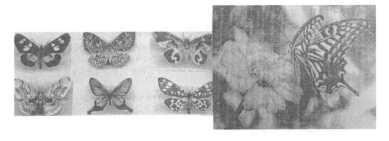

美丽的蝴蝶　　　　　　　　蝴蝶在吸蜜

蝴蝶的翅膀很美，不仅艳丽阔大，而且有许多好看的花纹，这是由色素色和构造色构成的。色素色俗称化学色，是由光波的波长与色素粒化学成分造成的。如粉蝶翅膀上的白色和黄色，是由于这种色素含有尿酸盐类而产生的。构造色俗称物理色，这种颜色不受氧化和还原等化学作用的影响而改变，是颜色中最永久的一种。据科学家研究，一个鳞片的表面有许多背纹，背纹间的距离为 0.7 ~ 2 微米，因蝴蝶的种类不同，背纹的数目也不相同，较少的一般在 33 条以下，最多的可达1400 多条，背纹越多，产生的闪光就越强。光线照射在这些具有背纹鳞片上，产生反射、曲折或干涉等物理作用而形成绚烂的色彩。如翠灰蝶的翅面，在电灯光照射下出现灿烂的蓝色，在日光下侧看，如果视角小，能反射出紫蓝色；如果视角较大，就出现翠蓝色。一般情况下，色素色和构造色混合作用，使蝴蝶宽大的翅膀绚丽多姿，为自然界添翠增色。

一般的蝴蝶都是单独栖息的，但也有些种类喜欢相聚在一起，例如各种斑蝶尤其喜欢群聚群栖。云南大理的蝴蝶泉，每年的农历 4 月，成千上万只蝴蝶聚集在那里；神农架拜台构云集着数十万只白蝴蝶。蝴蝶是完全变态的动物，一生要经历卵、幼虫、蛹、成虫四个阶段。卵孵化的时间，少则 4 ~ 5 天，多则 2 周。许多种类的蝴蝶的幼虫会吃掉柔软而富营养的蜕皮。

蝴蝶的种类很多，不同的种类有着不同奇特的特性。有的蝴蝶有迁徙的习性，如美洲的彩蝶王，每年春天组成浩浩荡荡的队伍向加拿大飞行，旅程 4500 千米，历时几个月，秋季再从加拿大返回美洲。它们黎明即起，昼行夜宿，从不偷懒苟且。迁徙时，雄蝴蝶总是以护卫和导游的身份在雌蝴蝶周围组成一道美丽的屏障。蝴蝶也并不是都以"蜜"为食，也是千姿百态的。有的以果实的汁为食，有的以人的粪、尿为食，还有的以马粪、牛粪为食。如秘鲁有一种专食罂粟的蝴蝶，罂粟的果浆是制造毒品的原料，凡是被蝴蝶吃过的罂粟很快就死了，秘鲁政府专门培育这种蝴蝶来摧毁毒品，收到了奇效。有的蝴蝶喜欢吃"荤"，常吃兔子、老鼠等小动物。它们唾液里含有剧毒，一旦发现爱吃的小动物出现便用口器刺伤它们，射进毒素，只需几秒钟，这些小动物便死去，蝴蝶便吃这些动物的尸体。若遇到牛、羊等大动物，许多蝴蝶便群起而攻之。前几年，一支10人组成的科学考察队，去巴西北部山区进行动物习性的考察，一名叫哈尔德的队员下午途中掉队，到吃晚饭时，队友们在路边草丛中找到他，众多蝴蝶正在享用他的尸体。

蝴蝶由于色彩艳丽，深受人们喜爱，历古以来文人墨客常常借用蝴蝶来表达情怀，创作了不少优秀作品，如李商隐的《锦瑟》，引用庄周梦蝶的典故，抒发对亡友追思之情。另外，杜甫的《曲江二首》、李白的《长干行》、谢逸的《蝴蝶》和杨万里的《宿新市徐公店二首》都是这方面的名篇。

科学家通过对蝴蝶色彩的研究，为军事防御带来了极大的裨益，战士穿的迷彩服和在军事设施上覆盖蝴蝶花纹的伪装皆得益于此。蝴蝶全身覆盖细小的鳞片，每当气温上升、阳光直射时，鳞片便自动张开，减少对太阳热能的吸收；当外界气温下降时，鳞片自动闭合，紧贴体表，让阳光直射鳞片，把体温控制在正常范围。航天科学家据此原理为人造地球卫星设计了一种如蝴蝶鳞片般的控温系统。

蝴蝶也能入药，主要用于风热咳嗽、声音嘶哑、咽喉疼痛、肝胃气痛等疾病的治疗。

二十二、"冒险婚配"的螳螂

你知道成语"螳臂挡车，不自量力"和"螳螂捕蝉，黄雀在后"吗？这两个成语皆出自《庄子》这部古书，对螳螂皆有轻视、讥笑之意。这是不公正的。其实，螳螂是勇敢的庄稼"卫士"，也是人类的功臣，应该给予必要的尊重。

螳 螂

螳螂属有翅亚纲螳螂目。全世界共有螳螂2200种，我国约有112种。广泛分布在热带、亚热带和温带的大部分地区。螳螂是昆虫中的"靓女"和"美男子"。身材苗条，长长的颈，头呈三角形，灵活自如，可以前后左右转动。头上有一对大复眼，几乎占了头颅的1/2，另有单眼3只。前足脚节和胫节都有锋利的刺，胫节似镰刀状常常折叠，似乎进入战备状态，准备随时出击。前翅皮质，后翅膜质，休息时常叠于背上，腹部肥大。前足用于捕食，中足和后足适于行走。它常常神态悠闲、温柔地栖息在一些绿色植物上，全身呈绿色，与周围环境融为一体，一般是不易发觉的。它时时昂头抬足——举着两把板斧，警惕地监视着周围。螳螂的眼睛很特别，有一套完整的跟踪扫描系统，一旦发现猎物，它便挥舞板斧，迅速扑过去，一下子击中目标，只需0.05秒钟。

螳螂是一切害虫的天敌，它尤其爱吃蝗虫、苍蝇、蚊子、蝶、蛾等害虫。一只螳螂在两三个月中能吃掉700只蚊子。雌螳螂的食量远比雄螳螂大，捕食本领也比雄螳螂高强得多。它能一下子捕捉比自身粗好几倍的蝗虫。贪吃的螳螂偶尔也会向比它大数十倍的动物挑战。一个深秋的晌午，我国福建省泉州市南安市官桥镇的山坡上，一只大螳螂准确无误地降落在一条竹叶青蛇的头上，抡起那锋利似锯的前臂，经过5分钟的拉锯，硬是将蛇头锯开，饱餐一顿蛇脑，然后得意扬扬地飞走。

螳螂是不完全变态的昆虫，每年秋季是螳螂交配繁殖的季节。它们的婚配很奇特，雄螳螂需要有勇敢冒险的自我牺牲的精神才行。一般是雄螳螂释放一种性激素刺激雌螳螂，吸引雌螳螂飞过来。雄螳螂事先要隐蔽好，十分谨慎地接近雌螳螂，趁雌螳螂还未发觉或不注意时，迅猛地飞落到雌螳螂的背上，用前足紧紧抱住雌螳螂，随即交配。如果交配顺利，雄螳螂用同样迅捷的方式安然离开；如果雄螳螂没有把雌螳螂抱紧，或交配时身体失去平衡，跌落下来，雌螳螂会毫不犹豫地把雄螳螂当作美餐吃掉。有时交配正在进行，雌螳螂饿了，也会突然回过头来，一口把雄螳螂的头和前足咬下来，慢慢享用。雄螳螂一点不设防，也不抵抗，似乎是心甘情愿的。更奇怪的是，虽然雄螳螂没有了头和前足，但与雌螳螂的交配还能继续进行下去。这种罕见的交配行为在生物界里绝无仅有的。生物学家认为雌螳螂交配后要休息两三天，所以在产卵前需要补充大量的营养才能产下具有强大生命力的受精卵。雄螳螂为了下一代的健康和家族的兴旺，也就心甘情愿地做了必要的牺牲。雌螳螂产卵后不久，就寿终正寝了。

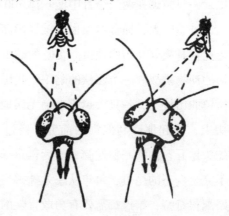

靠感觉毛定位的螳螂

　　每只雌螳螂可以产四五个卵鞘，完成一个卵鞘需要 2～4 小时，每个卵鞘内的卵粒为 40～300。卵鞘呈半椭圆形，黄褐色，它是雌螳螂尾端分泌的一种泡沫状物质凝成的。卵鞘黏附在树皮、树枝和石块上过冬，到第二年夏天孵化，要蜕皮 3～12 次后，才变成成虫。卵鞘具有药用价值，是一味较名贵的中药材，称为"桑螵蛸"。螳螂营养丰富，具有一定的食用价值。

　　螳螂残暴好斗，饥饿时经常有大吞小、雌吃雄的现象，但对我们人类却很友好，是我们真诚的好朋友，对于这一点，应该是没有争议的。

二十三、天不绝的蟑螂

蟑螂的名声不好，和苍蝇、蚊子一样，也是一种人人喊打的昆虫。

可以说，蟑螂是一种非常奇特的昆虫，生活很有规律。它昼伏夜出，一点也不会错乱。它的行为规律是 23 小时 53 分，与地球自转周期基本相符。这是因为在蟑螂食管正下方的咽下神经节，其侧面与腹面有一群神经分泌细胞，由这些细胞调节激素，指示着蟑螂的活动和休息。科学家称这些神经分秘细胞为"生物钟"。蟑螂喜欢选择在温暖、潮湿、食物丰富和多缝隙的地方栖居。大白天躲在墙里、草堆和垃圾中休息，一只也找不到。夜幕降临，它们便从各个阴暗的角落里跑出来，往来于家庭的厨房、厕所、衣柜、书籍、抽屉中，十分活跃，污染食品，咬烂书本衣物。蟑螂喜欢躲在阴暗的角落里，身上带着多种细菌，它传播着麻风、鼠疫、伤寒、霍乱、细菌性痢疾等40 多种疾病。

蟑螂也叫蜚蠊，属节肢动物门昆虫纲蜚蠊目。生活在世界各个角落。全世界有 6000 多种蟑螂，我国也有 200 多种。蟑螂个头不大，身体较扁平，呈长椭圆形。头小，呈三角形，可

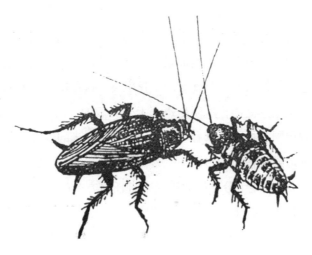

蟑　螂

转动。口器咀嚼式。触角长，如丝，多节。有翅2对，前翅皮质，后翅膜质，也有无翅的。虽有翅，但不善飞。足很发达，爬行极快。外形极像蟋蟀，但个子比蟋蟀大，全身呈褐红色。蟑螂耐饥不能耐渴，如美洲一种蟑螂，有食但无水，雌蟑螂能活40天，雄蟑螂只能活27天；反过来有水但无食，雌蟑螂能活90天，雄蟑螂也能活43天。当蟑螂处于恶劣环境中，既无食，又无水时，蟑螂之间也会互相残食，大吃小，强食弱，尤其抢食刚蜕皮的幼蟑螂。蟑螂的家族史很长，经历了4亿多年，曾和恐龙生活在同一时代，被人们称作昆虫里的"活化石"。这样一只小害虫，经常遭到人类的围剿，然而却绵绵无绝期，一直存活到现在，为什么？首先要归功于蟑螂身上异常灵敏的"耳目"。

　　蟑螂的耳目非常奇特，不是长在头上，而是生在屁股上——是一对上面密密麻麻地覆盖着许许多多细小毛的尾须。它的尾须有的短而尖，类似猪鬃；有的细而长，类似单根的头发。它们的根长在一个圆盘的小丘中央。这种丝状小毛的根部构成了微型感受器，这便是蟑螂十分灵敏的"耳目"。它既能感受到周围事物哪怕只有一万六千分之一毫米的轻轻移动，又能准确地辨别移动来自何方。蟑螂的尾须上有 2000 多个这样的"耳目"，能十分准确地感受来自任何方向的声响。即使是人们最轻微的脚步，它也能立即感受到，随即便逃之夭夭。

　　其次要归功于它散发的特殊臭味。蟑螂身上有臭腺，一旦遭到危险，便分秘出油状液体，奇臭无比，常常把入侵的敌人吓跑，这一点和放屁虫、黄鼠狼颇为相似。蟑螂很贪食，对食物几乎不加选择，逮到什么就吃什么，连电线、肥皂、纸张都吃，尤为爱吃人们吃的饭菜和食品。讨厌的是，它和苍蝇一样，边进食，边呕吐，边排泄粪便。因此，蟑螂接触过的食品也会留下使人厌恶的臭气。

　　最后，蟑螂的生命力极强，一只摘了头的蟑螂还能存活 9 天。生物学家断言：爆发核战争，世界上的人类和动植物都消灭光了，唯有蟑螂还能活着。蟑螂承忍的核辐射剂量远远超过人类和其他生物。蟑螂的繁殖力也很强。一只蟑螂一次产卵 30~60 个，45 天以后孵化，热天 20 天就开始孵化为幼虫，再经过 10 次蜕皮，才变成虫，一只雌蟑螂一年可繁殖近万只后代。单从产卵的数量来说，繁殖力不算太强，但当雌蟑螂无雄蟑螂交配时，雌蟑螂也能产下不受精的卵，这些卵也能孵化出蟑螂幼虫，照样传宗接代。成虫的寿命最短为一百天，最长的可存活一年。

虽然蟑螂是一无是处的害虫，但科学家不仅从蟑螂独特的运动方式获得了启发，制造了"六腿机器人"，而且仿照蟑螂抑制细菌的原理制造了新药来抑制超级细菌。蟑螂也是一味中药，全虫入药，具有散瘀、化积、解毒的攻效，可治疗小儿疳积、喉痹、乳蛾、痈疮、肿毒、虫蛇咬伤等疾病。

二十四、组织严密的蜜蜂群

蜜蜂是人人喜爱的"小精灵"，自古以来不少文人雅士大声讴歌过它。下面是两段当代散文名家赞美蜜蜂的文字：

"多可爱的小生灵啊，对人无所求，给人的却是极好的东西。蜜蜂是在酿蜜，又是在酿造生活；不是为自己，而是在为人类酿造最甜的生活。蜜蜂是渺小的，蜜蜂却又多么高尚啊!"——杨朔《荔枝蜜》

"为了采一公斤的蜜，蜜蜂在一百万朵的鲜花上面，辛勤地飞行、酿造，而酿成的高度浓缩的蜜糖呢……颜色又都是那么鲜艳，甜味那么浓烈，可以保存得那么长久，这样的事情实在是很美妙的。世界上如果没有蜜蜂，地球也将为之减色。"——秦牧《花蜜与蜂刺》

两位散文大家为我们写出了蜜蜂的可爱与伟大，抒发了我们心中共同的赞美之情!

蜜蜂属节肢动物门昆虫纲膜翅目蜜蜂科。种类很多，全世界约有 15000 多种，我国也有 1000 多钟。全身黑色和棕红色，覆盖黑色和深黄色的绒毛。一般体长 20~30 多毫米。前胸不发达。腹部雄蜂 7 节，雌蜂 6 节。触角雌蜂 12 节，雄蜂 13

圆形舞　　　　　"8"字舞

工蜂

蜂王

雄蜂

节。雌蜂腹部末端有螯刺，雄蜂腹部末端是外生殖器。蜜蜂的口器上颚发达，可以咀嚼固体食物，下颚和下唇特化为可临时组成吮吸液体食物的喙。蜜蜂爱群居，成千上万只蜜蜂生活在一起。每群蜜蜂都有较严密的社会组织，等级分明，分工明确，各司其职，共同维持群体的生活。每群蜜蜂中有三种社会成员：第一种是工蜂，是由蜂王受精卵孵化出来的，是群体特有的主体，每群蜂中有 7 万只左右，它们一律是雌性，但不能生殖，专司筑巢、采蜜、侦察、守卫、照顾蜂王、饲养小蜜蜂等工作。它酿造 1 千克蜂蜜，需要采集 10 千克花蜜，来来回回要飞行 32 万千米，相当于绕地球 8 圈。工蜂是蜜蜂家族中最辛苦也最伟大的成员。第二种是雄蜂，是由蜂王所产的未受精的卵孵化而成的。每群蜂中有 600～800 只，它们唯一的责任是与蜂王交配，完成传宗接代的任务，其他什么事也不干。在晴朗天气，蜂王飞出时，许多只雄蜂随后追逐，最终只有一只雄蜂有幸与蜂王交尾。在交配过程中雄蜂的生殖器官全部会脱落在蜂王的生殖器官里，所以交配完后雄蜂便死亡了。那些无缘与蜂王交配的雄蜂，工蜂不让它们进巢，全部拒之门外，不久也便饿死了。第三种是蜂王，个数不多，一群中成熟的能产卵的只有一个。蜂王体躯比较大，至少比其他蜜蜂大 1～2 倍，它的主要职能是产卵。在蜜源充足的季节，蜂王一天产 1000 多粒卵。这种高效产卵的能力，可以维持十几天到一个月左右。蜂王每天产卵的重量差不多是自身重量的 2 倍以上。称蜂王为一架产卵的机器一点也不过分，所以每群蜂中只要有一只蜂王产卵就足够了。蜂王还有维持群体生活的作用。很奇怪，只要蜂王在蜂巢里，群蜂生活和工作便井然有序，大家都主动、自觉；一旦蜂王不在蜂巢里，蜂群便会乱作一团，甚至相互打架。蜂王为什么有如此大的魔力？经生物学家反复探讨，原来是蜂王上下颚的唾液腺能分泌出一种叫作"蜂后物质"的缘故。"蜂后物质"是蜂王统治群蜂的特殊的化学武器，其作用表现为以下四个方面：一是把工蜂引向蜂王，为蜂王喂食并做服侍工作；二是抑制工蜂的卵巢发育，使之丧失生育能力；三是告诫所有的工蜂，只要本蜂王在，就不允许再扶植另一个蜂王；四是在繁殖季节，吸引雄蜂拼命追逐它，飞升高空进行交配。蜂王一旦失去了"蜂后物质"，工蜂们便纷纷离开，它便活活饿死。由这三部分成员组成的群体，结构稳定。一些生物学家称蜜蜂为"一群高度合群的社会昆虫"，很确切。

蜜蜂建筑的蜂巢十分精巧。蜂巢由数千间甚至数万间蜂房平行排列构成，每个蜂房都是大小相等的六棱柱体，似乎每个角都是用量角器测量的。这种结构的住房用材最少而容积最大，十分符合省工节材的建筑原则。建蜂房的林料全部都是工蜂腹部的蜡腺所分泌的蜂蜡。称这样的建筑为巧夺天工，应该说不过分；称工蜂为技艺高超的建筑师，也不过分。

这样组织严密的群体，每个成员之间没有信息传递交流，是不可想象的。蜜蜂是用它们独特的语言——"舞蹈"来交流的。这是由德籍的奥地利动物行为学家冯·弗里施经过长时期观察、研究揭示的。如果工蜂中的"侦察蜂"发现蜜源在百米以内，它便围着蜂房时而向左，时而向右做小圈圈形的快速爬行——"跳圆舞"；如果蜜源较远（约500米以外），就用跳"8"字的"摆尾舞"。以这样的方式来传递信息，告诉其他的工蜂。侦察蜂如果头部向下跳"摆尾舞"，表示蜜源位置背向太阳；相反，就表示蜜源的位置对着太阳。蜜源的具体距离与"舞蹈"的圈数有关，如果每分钟转28圈，表示蜜源在270米处；如果仅转9圈，蜜源就在2700米的地方。别的工蜂按照这样的"舞蹈"指示，就能迅速地找到蜜源，误差不到20%。蜜蜂还能利用双翅振动的声音来传递信息。

工蜂炼蜜也是十分辛苦的。它把花蜜采回蜂巢，先吐到空蜂房中，到了晚上再把花蜜吮吸到自己的蜜胃里调制，然后吐出来，又吞进去，如此反复吞吐要100~240次，才能酿成香甜的蜂蜜。为了让蜂蜜尽快风干，千百只工蜂还要不停地扇动翅膀，蜂蜜风干后，再把蜂蜜送进仓库，用蜡封起来，以备冬天食用。

蜜蜂的"粮食"是工蜂辛辛苦苦采集的。蜜蜂在采集花蜜的过程中，无意间做了一件大好事：它们身上的绒毛带着花粉从这朵花飞到那朵花，便把花粉带到雌蕊的柱头上，使雌蕊获得较多的授粉机会，可增产几倍到20倍。如1960年，黑龙江肇州县用285群蜜蜂给6185亩向日葵授粉，平均每亩增产向日葵40公斤，比没有放蜂蜜的1959年增产151%。

蜜蜂不仅酿造甜甜的蜜，美化人类生活，也是农作物传粉受精的大媒人。

二十五、"力大无比"的海星

大家见过海星吗?

在退潮的海滩上，到处可见星星点点巴掌那样大，类似五角星的动物，呈浅黄色或橙红色，色彩艳丽，灿烂夺目，在海底还能发出幽幽的光。这便是海星。海星整个身体是由许多钙质骨板和结缔组织结合而成的，体表有突出的棘、瘤或疣等附属物。肉很少，也不好吃，所以也没有人喜欢吃。但有不少人爱把干海星挂在墙上做装饰品，也可做观赏品。

海星属棘皮动物门海星纲。分布很广，数量也极多，从浅滩到6000余米深的海洋中都有它的身影，广泛分布于砂质海底、软泥海底、珊瑚礁及各种深度的海洋中，其中北太平洋为最多。全世界现存1600多种，我国已知100多种。海星身体扁平，大多数呈星形。口位于口面中心。身体随着种类不同，具体形态也不尽相同。有的镶边，如镶边海星；有的如轮子，如轮海星；有的如荷叶，叫荷叶海星。体色也不尽相同，最多的是橘黄色、红色、紫色、黄色和青色。整个身体分为两大部分：体盘与体盘伸出去的腕。腕数一般为5或5的倍数，也有4个和6个的，如赫利海星的腕为15～50个。腕的长度一般

海星正在打开扇贝的双壳

为中央盘直径的 1~3 倍，也有的腕长达 4~5 倍的。海星多数为中等大小，腕端相距 10~20 厘米，最小的相距 1 厘米，最大的相距可达 50~60 厘米。海星的腕堪称妙手，用处很多，既是海星的感觉器官，又是海星重要的运动器官，爬行时便是脚，取食时便是手。在腕的末端有眼点和触手，能随时发现周围环境的变化。在腕的腹面密生着管足，管足末端有吸盘。管足伸缩，吸盘固定，借此来推动身体前进，海星每分钟可缓慢地爬行 10 厘米，最快 20 厘米。管足既能捕获猎物，又能攀附岩礁。管足取食时，力大无比，是一般动物无法比拟的。

海星如果被大浪冲到岸上，很快就一命呜呼了。海星的拉力和耐力都是令人称奇的。一个直径为 22.5 厘米的海星就有

40～50牛顿的拉力，而且可以持续6小时之久。它最爱吃贝类。贝类的外壳非常硬，一般很难打开，可是海星的管足却能轻而易举地打开。管足的大力来源于海星体内的一套独特的水管系统。海星身体中央有一个环管，构成水管系统的核心，环管向五条腕发出的分水管称为辐水管。辐水管的再经分支最终与管足和坛相连，坛位于管足对面，像个充气的皮球。当海星遇到爱吃的贝类时，辐水管关闭，坛和管足便与外界断开，这时如果坛一收缩，管足就会延长，反之则缩短。众多的管足的吸盘紧紧抓住贝类的两壳，由于水管系统的内压增大，吸盘的真空吸附增强，便能轻而易举地将紧闭的双壳打开，然后把胃从口中翻出伸进贝壳的软体部分，并分泌消化酶，从容不迫地将贝吃得干干净净。海星开启贝壳的效率极高，一只海星一天能连续吞吃20只牡蛎。正因为这样，海星成为贝类养殖户的大敌。

海星的繁殖能力很强，大部分海星是通过体外受精繁殖，不需要交配。雄海星每只腕上都有一对睾丸，把大量精子排到水中；雌海星也同样通过长在腕两侧的卵巢排出成千上万的卵子，精子和卵子在水中相遇，完成受精，形成新的生命。海星的再生能力也极强，它的腕如果被石块压住或被敌害咬住不能脱身时，它会自动割断腕足逃生，断足经过一段时间就会重新长出来，对其生长一点也没有妨碍。如再生能力很强的砂海星，只要还有一厘米长的腕存在就可以生成一个完整的新海星。贝类养殖者非常痛恨海星，时常把海星砍成碎片，扔入大海，谁知道这些碎片，片片都能成长为一个新的海星，反而给海星的繁殖创造了机会，弄得他们哭笑不得。海星很贪吃，食量很大，一只幼海星一天要吃掉比它自身重量一半还要多的食物。它食性随着种类不同，有着很大的差异，有的吃贝类，有的吃尸体或碎屑，有的吃腐烂的植物，有的吃海底的生物。

其实，海星并不是令人讨厌的动物，恰恰是应该大力保护的宝贝。海星体内含有丰富的明胶，可以用来制成食品或盛药物的胶囊，还可以制成人工代血浆，用于抢救失血的患者。最近，科学家还发现海星体内有一种蛋白质，与人体胰岛素相似，可以直接代替胰岛素治疗糖尿病。由海星制作的胃药，疗效很好。从海星身上还提取出一种海星皂苷的物质，不仅可以用于抗菌消炎，降低血压，更可以用来防止癌细胞的扩散。科学家还仿照海星捕食的原理，设计打捞沉船的起重机，也获得了成功。

海星还可以用来制作肥料，肥效甚高。海星其实是一种具有很高的经济价值的动物。

二十六、"丢卒保车"的海参

你吃过海参吗？海参在各种山珍海味中位尊"八珍"，肉质细腻、鲜嫩，营养丰富，是筵席上著名的美味佳肴，也是著名的馈赠礼品，素有"海中人参"的美誉。

海参属棘皮动物门海参纲海参属。它生活在热带、亚热带海洋。在印度洋至西太平洋区域的珊瑚礁内栖息的海参种类特别多。海参在海洋中呈垂直分布，从潮间带到10000米的深海沟都有海参在活动。在深达1054米的菲律宾海沟内，最普通的动物便是海参。在水深4000米的千岛——堪察加深海沟，海参占海底生物总量的50%。全世界共有海参900多种，我国有140多种，仅南海就有30多种，以西沙群岛居多。在我国享有盛名的是刺海参和梅花海参。

海参身体呈圆筒形，身长一般为10～20厘米，特大的海参可达40厘米。体色多为黑褐色，也有黄褐色、绿褐色、纯白色和灰白色等。海参的口在前端，多偏于腹面。肛门在后端，多偏于背面。口周围有一圈触手，触手是海参摄食的工具，大都呈楯形，也有枝状、羽状和指状等四种。海参的触手常为5的倍数，如10个、15个、20个、25个或30个，一般为 20 个。背面一般有疣足,腹面有管足。管足是运动器官,海参是靠管足和肌肉的收缩来前行的,速度较慢。石灰环是海参类特有的器官,用于支撑咽部、神经环和环水管等重要器官。海参消化道发达,开始于口,经过食道到肠管,肠管在体腔内做两次弯曲,先下降,再上升,再下降,用肠系膜与体壁相连,开口于肛门,肠末端较粗大,形成泄殖腔,泄殖腔富有肌肉,能膨胀和收缩。泄殖腔旁常分出一对枝状器官,这是海参的呼吸器官,称为呼吸树或水肺。

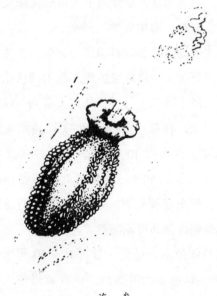

海　参

海参喜欢栖息于水流缓稳、无淡水注入、海藻丰富的细沙海底和岩礁底,昼伏夜出。它们在海底匍匐、潜伏或附着在石头上、贝壳上,也有少数的种类终生过着浮游生活。海参最爱吃混在沉积物里的有机碎屑和微生物，如海藻、有孔虫、放射虫、桡足类、介形类和小型贝类等。海参生长缓慢，如刺溜参起码能活5年。

海参夏天怕热，当水温超过20℃时，它忍受不住了，便用"夏眠"来消暑。它转移到海水较深、波浪较稳的地方，一头扎进岩石下面的黑暗处，翻过身来，仰面朝天，用脚紧紧攀住岩石，身躯蜷缩着，安安稳稳地睡觉，不吃不喝，一睡就是3个月，一直要到水温降到20℃以下才醒过来。所有的海洋鱼没有夏眠，唯独海参要夏眠这么长的时间，这一方面是因为怕热，另一方面是因为夏季找不到充足的食物。海中小生物都是随着海水上下层的冷热变化而上浮下沉的。夏季海水表层温度上升快，海底小生物就浮到海平面忙于繁殖，生活在海底的海参就找不到足够的食物，生存环境逼得它只能用睡眠来度过饥荒。

海参个子矮小，而且十分软弱，遇到敌害又逃跑不快。但海参也有它对付敌害的独特的方法——"丢卒保车"。当危险来临，无法脱身时，海参便会突然急剧收缩身体，将臭烘烘的内脏器官——又黏又长的肠子、像树枝一样的肺迅速从肛门向敌害迎头抛去，迷惑敌人。同时，借助内脏抛出时的一股力量，迅猛地后退到较远的地方躲避起来。海参失去内脏后，一点不要紧，它照样生活得很自在，因为它的再生能力很强，大约50天，一副全新的内脏器官便生长出来了。海参体内有一种结缔组织，它是由无数形态、构造相同的细胞集合在一起——执行共同生理机能的细胞群构成的。这种结缔组织有两种状态：一种是工作态，另一种是造形态。工作态就是结缔组织执行生理机能的状态，而造形态则是进行再生补偿工作，即修补受伤或坏死的细胞。如果把海参一切两段，抛在海中，过不了多久，就会变成两条完整的海参。用割舍身体的一部分来保护自己的"丢卒保车"的方法，在生物界是十分罕见的。少数几种海参还利用自切或分裂法来增加子孙。

　　海参不仅是保健品，更是著名的中药材。海参含有丰富的蛋白质、不饱和脂肪酸、铁元素和人体所需的 50 多种营养成分，可以促进造血细胞的合成，防治缺铁性贫血；可以降低胆固醇、软化血管、促进神经系统发育，提高记忆力；还可以延缓衰老、抑制肿瘤细胞生长等多种功能。

二十七、脊椎动物的"祖先"文昌鱼

　　革命导师恩格斯在一次批判、嘲笑形而上学的学者时，说："不仅动物和植物的个别品种日益无法挽救地相互融合起来，而且出现了文昌鱼和南美洲肺鱼这样的动物。"本来鲜为人知的文昌鱼，因此举世闻名了；我国文昌鱼著名的原产地——福建厦门市东北同安县海湾深处的一个名叫刘五店的小渔村，因此刘五店的渔村成了世界上很有名气的村庄。

　　文昌鱼是脊索动物门文昌鱼纲文昌鱼目文昌鱼科。它是濒临灭绝的古生物的一个品种。这种鱼没有骨质的骨骼，也没有脊椎骨，但背部有纵贯全身的绳索似的一条线，称为脊索，起到支撑作用。这种鱼没有眼睛、也没有耳朵和鼻子。身体全长30~60毫米。美国产的加利福尼亚州文昌鱼可长达100毫米。文昌鱼体形细长，两端尖尖，头尾没有明显的区别。外形像鱼，身体侧扁，半透明，背面部沿中线有一皮肤折叠，形成背鳍，与身体末端的尾鳍相接，左腹面的尾鳍和前方的臀前鳍相连。嘴在前端面，四周有10~40条短短的触须环绕，嘴以后的咽喉较长，几乎占全身的1/2。肠是一根直管，直通肛门，消化器官也没有明显的分工。嘴巴的两侧有许多鳃裂，水通过口腔进入鳃腔，然后从腹孔排出体外。在水的流动过程中，文昌鱼进行呼吸和摄食。文昌鱼没有心脏，它有一根能够搏动的腹大动脉，腹大动脉往两侧分出许多成双的鳃动脉，进入鳃隔，进行气体的交换。但文昌鱼已经有了大脑与脊髓的雏形，它的背神经管，前部较膨大，膨大的地方是脑室，其余部分是脊髓，但两者还没有本质的区别。皮肤由单层柱形细胞的表皮和冻胶状结缔组织的真皮构成，皮下的肌肉有明显的分节，称为肌节。从文昌鱼的结构来看，很清楚地表明，文昌鱼是从无脊椎向脊椎动物过渡的典型动物。我国近海已发现三种文昌鱼：厦门文昌鱼，广泛分布在渤海、黄海、东海、南海的浅海区；偏文昌鱼，产于南海和北部湾；芦卡偏文昌鱼，产于台湾省南端的南湾海域。

文昌鱼的习性很古怪，喜欢生活在咸水与淡水交汇处的沙湾上，水的含盐度为19.2%（克/升）最适宜。文昌鱼的游泳时以螺旋形方式前进的。它没有一点自卫的本领，却有惊人的钻土术，平时爱把身体埋在泥沙里。它对沙质要求很高，即有机质含量较低纯净的粗沙和中沙。白天它前半截身体露出泥沙外，吞食顺水漂来的海藻等浮游生物。天黑了，它才从泥沙中出来，凭借肌节伸缩前进，每秒钟可前进60厘米，连续活动50秒钟左右，便突然停下来。一旦遇到危险，它立刻就钻进沙里。

文昌鱼雌雄异体，沿身体两侧排列着26对生殖腺。文昌鱼一生只生殖三次，第三次产卵量最多。每年7月是文昌鱼繁殖的季节，卵子、精子排出体外，在海水中受精发育。受精卵第二天上午就发育成能够自由活动的幼鱼，3个月以后就长大为成鱼，但是生殖系统一年以后才能发育成熟。文昌鱼的寿命一般为3~4年。

文昌鱼是著名的活化石，在五六亿年前就生活在地球上了。在其他热带和亚热带浅海区的文昌鱼，已经有了这样那样的演变，唯独我国刘五店的文昌鱼还保留着几亿年前的原始状态。文昌鱼的形态结构和胚胎发育，为动物学基本理论研究提供了不少有价值的材料，同时它既有脊椎动物的特性，如有脊索、神经管等，又有无脊椎动物的特点，如有肾脏、生殖腺等。因此，无论是对动物的分类，还是动物的进化都有十分重要的研究价值。我国唐朝就有人研究它了，并且载入了史册。刘五店的渔民捕捞文昌鱼也有300多年的历史。文昌鱼的肉鲜嫩、细腻，营养丰富，含有丰富的碘、铁、磷和多种维生素，蛋白质的含量更是高达70%。多年来一直是席中珍品，更是理想的保健食品。

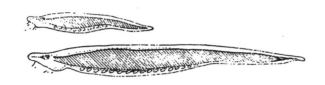

文昌鱼

刘五店一带浅海区是文昌鱼理想的生活场所。据1935年调查，文昌鱼生息的海域有22平方千米，每升沙里有357条文昌鱼，密度较高。每年出产35吨文昌鱼，远销世界各地。但由于长期过量捕捉，再加上厦门高集修筑海堤和策槽、东坑围垦，改变了海水流向流速，较大地破坏了文昌鱼的生态环境。到了 1986 年，文昌鱼生活的海域只剩下 0.5 平方千米，每升沙里只有 3 条文昌鱼了。目前，文昌鱼面临濒临灭绝的危险。我国已将文昌鱼列入一级保护动物，把厦门地区文昌鱼渔场划为自然保护区，严禁捕捞文昌鱼，防止"国宝"灭绝。现已取得了明显的效果。

二十八、能上岸爬树的弹涂鱼

　　成语"缘木求鱼"就是嘲笑爬树捉鱼的笨蛋行为，因为大家都知道鱼根本是不会上树的。谁知天下无奇不有？动物界果真有会爬树的鱼，这便是弹涂鱼。

　　在沿海滩涂上，退潮后，常常可以看到从蚕豆般大小的洞穴中时不时会探出一个个小鱼的脑袋来，两只小眼睛高高地凸起，警惕地看着四面八方。它们在滩涂上玩耍，跳跃、爬行，有时还会爬到高高的红树林的树枝上，自由自在，好不舒畅！这种鱼就是弹涂鱼，也叫跳鱼。

　　弹涂鱼属脊索动物门硬骨鱼纲鲈形目弹涂鱼科。弹涂鱼生活在热带、亚热带近海岸的浅水区，温带海滩也有，数量不多。主要产于非洲西海岸、印度洋与太平洋的暖水区。全世界共有4属20余种，我国沿海已发现了3属6种。最常见的有大弹涂鱼、青弹涂鱼等。弹涂鱼的体形不大，身体长一般为39.6~83毫米。它全身呈圆筒形，稍微侧扁，背缘平直，腹缘略凸。头较大，吻短，圆钝，微斜，吻褶发达。眼睛较小，凸出在头部的背面。唇发达，无须，上下颌等长。鳃孔较小。鳞片小，呈退化状；背侧褐色，微绿，向下色渐淡，背面及侧面上方有小黑点，鳍灰黄色。

弹涂鱼

　　弹涂鱼没有脚，它在树上攀登，在滩涂上跳跃觅食，完全是依靠一对特殊化的胸鳍。胸鳍基部的肌肉特别发达，能够自由地前后左右转弯。当胸鳍向前运动时，腹鳍便起到支撑身体的作用，爬树时，腹鳍就像吸盘一样，帮助身体牢牢地附着在树上。弹涂鱼在水里时和其他的鱼一样靠鳃来呼吸，到了陆地上，鳃不起作用，是靠尾鳍来交换气体的。弹涂鱼的尾鳍有上下两叶，下叶的鳍条经常和地面摩擦，演变得又粗又短又硬。上叶依然十分柔软，表面上盖有一层薄薄的皮膜，膜上有许多微细血管网，靠这种网状结构较大地增加尾鳍和空气接触的面积。微细血管的管壁是由单细胞组成的，具有良好的渗透性能，体外的氧分子和体内的二氧化碳就是通过血管来交换的。弹涂鱼不能如陆地的动物那样，直接吸收空气中的氧气，只能吸收溶解于水的氧气。因此，弹涂鱼的尾鳍一定要保持潮湿，否则不能在陆地上生活。另外，弹涂鱼的口腔黏膜也有一定的呼吸作用，能直接摄取空气中的氧气。

弹涂鱼每年 5～8 月为产卵期。到那时候，雄鱼会鼓鳃，弓背，边支起尾鳍，边扭动身躯，跳起"求爱的舞蹈"，吸引雌鱼的注意力，当雌鱼被雄鱼追求动了芳心，向其靠拢时，雄鱼会把雌鱼引进自己的洞穴，在洞府完成受精，一星期后才发育成幼鱼。

弹涂鱼喜欢栖息在河口、港湾、红树林区之咸淡水域及大海底质为淤泥、泥沙的沿岸的浅水和半咸水的河口滩涂，它适宜的水温为 24～30℃，适宜的海水比重为 1.01～1.02。弹涂鱼有挖钻孔道而居的习性，它的孔道至少有两个出口，冬季水温低于 14℃便深居洞中，休眠保暖过冬。退潮时，弹涂鱼在淤泥上觅食。它爱吃浮游动物、沙蚕、桡足类动物，也爱吃底栖硅藻和蓝绿藻。弹涂鱼的警惕性较高。视觉十分敏锐，常常是用一只眼睛搜寻食物，另一只眼睛却警惕地注意着周围，以防敌害来袭击，所以捕捉起来较困难，人们常常在海滩上埋设向上开口的短竹管，弹涂鱼遇到险情逃命时往往是不加选择的，见洞就钻，结果常常成了"瓮中之鳖"。

弹涂鱼既能适应水中生活，又能适应陆地生活，是两栖动物的"鼻祖",具有较高的科研价值。它本身就足以证明生物是从水中渐渐进化到陆地上来的。别看弹涂鱼小,它的肉却特别鲜美细嫩,含有丰富的蛋白质和脂肪,是上好的美味佳肴。弹涂鱼也有药用价值,可以治疗腹泻、肝炎等疾病。

二十九、由"女"变"男"的黄鳝

大家吃过黄鳝（鳝鱼）吗?

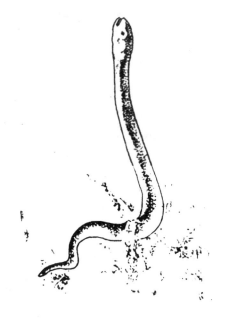

黄　鳝

黄鳝味道鲜美，营养丰富，是当今宴会上必不可少的一道佳肴，尤其是我国南方地区。吃法多种多样，可以红烧鳝筒，可以炒鳝丝，也可油炸鳝片或熬鳝鱼汤。从中医角度来看，黄鳝是一味大补之药。人人都爱吃黄鳝，可有多少人了解黄鳝呢？

黄鳝属脊索动物门合鳃鳝目合鳃鳝科，又名田鳝、蛇鱼、长鱼、血鱼、无鳞公子。身体细长，一般可达 260 ~ 600 毫米，最长的可达 1 米。呈蛇形，前段圆，向后渐渐侧扁，尾部尖细。头长而圆，口大，端位，上颌稍突出，唇颇发达。眼小，为一薄皮所覆盖。身体润滑无鳞，无偶鳍，奇鳍也退化。身体背侧呈黑色或有黑色小斑点，腹侧微黄或橙黄。黄鳝是生活在热带或暖温带沼泽区底层的鱼类，常喜栖于河道、湖泊、沟渠及稻田中。白天藏在混浊泥底的洞穴中，洞穴出口常在接近水面处，以便随时将头伸出来呼吸新鲜空气，夜间出来觅食，以昆虫、蛙、蝌蚪、小鱼、小虾为食。夏季摄食旺盛，冬季可以长期不食。到了冬季，黄鳝会掘穴至地下 1 ~ 2 米处，数条黄鳝生活在那里。我国除青藏高原外，全国各水系各种水体中都有它们的身影。以长江流域、辽宁和天津产量较多。

人类性别的变化要依赖于手术，黄鳝却不用动手术，每条黄鳝都要经历由"女"性向"男"性转变的过程。黄鳝不像大多数鱼类，身体内不是卵巢就是精巢，即不是雌性就是雄性，而且从小到大，直到死去，永远不会改变。黄鳝不同，体内既有卵巢，又有精巢，都位于肠的右侧，似管状的囊袋。黄鳝性别的转化，是由于卵细胞逐渐退化和精子细胞不断发育增多而造成的。黄鳝生殖腺受到位于头部的脑垂体的控制，脑垂体可以分泌多种激素，其中有一种叫作黄体生成素，另一种叫作卵细胞成熟激素。幼小的黄鳝是雌性，它处于卵细胞发育的初期，黄体生成素促进卵细胞发育成熟。随着时间的推移，卵细胞成熟激素也不断增多，促进黄鳝产生成熟的卵。当卵排出后，黄体生成素便促进精子细胞的发育和成熟，黄鳝便由"女"性渐渐变成了"男"性。在黄鳝生长发育的过程中，两种激素的比例不断发生变化，黄鳝便由雌黄鳝变成中间性——雌雄同体，再变成雄黄鳝。这便是黄鳝种族发育过程中的规律。一般体长 200 毫米以下的黄鳝绝对是雌黄鳝，在 220 毫米左右的雌黄鳝，开始由雌性向雄性转变，体长在 360 ~ 380 毫米的黄鳝，雌性与雄性的比例大约相等；380 毫米以上的黄鳝雄性居多，530 毫米以上的黄鳝绝对是雄性。

黄鳝每年 6 ~ 8 月产卵，产卵量为 500 ~ 1000 粒。卵径为 2 ~ 4 毫米，呈金黄色，富有弹性。雌黄鳝产卵前吐出不少泡沫，堆积成团，受精卵浮在泡沫中发育，7 ~ 8 天便孵化出幼小的黄鳝。雌雄黄鳝皆有护巢的习性，"夫妇"一直在受精卵的周围守护着。所以有经验的渔人只要根据成团的泡沫，就比较容易捉到黄鳝。

既然黄鳝都是性变的，同辈的都是同性。那么，黄鳝都是上辈与下辈或下下辈"成婚"匹配的老夫少妻，上一辈的雄黄鳝与下辈的雌黄鳝交配、发育，完成种族延续的历史使命。

黄鳝不仅营养丰富，含有丰富的蛋白质、卵磷脂、鳝鱼素和维生素，而且是一味中药材。《本草拾遗》记载，黄鳝可以补中益血、补虚损，可用于妇女产后淋漓、气血不调、羸瘦等疾病的治疗。

三十、"附骥攀鸿"的鲫鱼

成语"附骥攀鸿"说的是蚊子、苍蝇整天蝇营狗苟，干不出什么名堂，但是它们若是依附于马尾巴上，就能跋涉千里；如果依附于天鹅身上，就能遨游四海。成语的喻义是嘲笑那些自己没有真正的本领，却依附于他人来成名的"假洋鬼子"。类似这样的情况，生物界里也不乏其类，海洋中鮣（yìn）鱼就是这样的典型。

鮣鱼属脊索动物门辐鳍鱼纲鲈形目鮣科，又名印头鱼、吸盘鱼、粘鱼船、鞋底鱼。鮣鱼广泛分布在热带、亚热带和温带海域，我国沿海也有出产。鮣鱼呈棕黄色或黑色，身体细长，一般为 220～450 毫米，最大的可达 1000 毫米。身体前端平扁，向后渐尖，逐渐呈圆柱状。头部略小，头及身体前端的背侧较扁平；头颈部长着一个椭圆形的大吸盘，吸盘竟占身体长度的四分之一。很像图章，所以称它为鮣鱼。吸盘是由第一背鳍进化而来的，由 22～25 对软骨板组成，中间是纵轴褶，周缘游离，横软骨板的后缘具有绒状小刺。第二背鳍较长。

鮣鱼大概是鱼类中最懒的鱼了。它不愿意游泳，喜欢"搭便车"，久而久之，游泳本领便退化了。不过，鮣鱼也帮助被吸附的鱼清除身上的寄生虫。鲫鱼主要依仗于头部的吸盘，吸附于善于游泳的大型的鲨鱼、鲸鱼、海豚和海龟的腹面，有时也吸附于轮船的底部。这样，一来可以狐假虎威地吓走敌害，避免别的鱼类来侵害；二来可以毫不费力地分享大鱼吃剩下来的残渣剩菜，过着"饭来张口，衣来伸手"的逍遥日子；还可以免费周游世界，寻找丰富的食源。一旦它遇到了丰富的食物便脱离宿主，停下来饱餐一顿，然后吸附于新的宿主，继续向别的海域转移。鲫鱼也很精明，并不任"鱼"——宿主的摆布，它清楚，不同种类的大鱼去向是不同的，它们各有喜欢的海城，鲫鱼想到哪个海域去，便寻找常去那里的大鱼为宿主。很有点像我们乘坐不同线路的公共汽车去不同的地方一样，一点也不会弄错。

　　鲫鱼的吸附力量很大，大鱼拼命地想要甩掉它，但怎么也甩不掉。它吸附得很牢固，要把它拉开，没有几个千克的力量是不行的。有人做过试验，一条 60 厘米长的鲫鱼竟然经得起10 千克的拉力。为什么鲫鱼的吸附力量这样大？原来，鲫鱼的吸盘的中间有一条纵线，纵线左右都有 22～24 对排列整齐的软骨板。鲫鱼刚贴上大鱼，吸盘中的软骨极就竖起来，把吸盘中的海水挤出去，然后迅速将软骨放平，使整个吸盘形成许多真空的小室。在外界大气和水中巨大压力的作用下，鲫鱼便牢牢地吸附在大鱼身上了。我们可以用眼药水上的小橡皮帽做试验，把小橡皮帽覆盖在玻璃板上，用手按，把小橡皮帽里面的空气挤跑，小橡皮帽内便造成真空，这样小橡皮帽在内外压差的作用下，牢牢地吸在玻璃板上了。这便是鲫鱼吸附的原理。

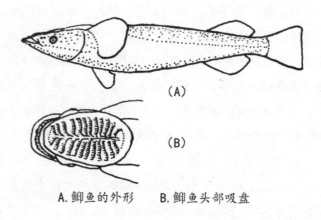

(A)

(B)

A. 鲫鱼的外形　　B. 鲫鱼头部吸盘

鲫　鱼

　　我国和非洲的马尔加什等国的渔民，利用鲫鱼吸附大鱼的习性，把鲫鱼当作活的钓鱼钩。方法很简单，在鲫鱼的尾巴上紧系一根结实的绳子，然后把鲫鱼放入大海中，过一段时间把绳子拉回来，就能捉到一条鱼，有时竟可以"钓"到40～50千克重的大鱼。科学家利用鲫鱼吸盘的原理设计了"吸锚"。一艘巨型海轮只需要十几个吸锚就能稳稳地停泊在大海上了。另外，模仿鲫鱼的真空吸盘制成的海底捕捞器，用途也很大，可以打捞海底沉船或大型物体。

　　鲫鱼也可以吃，不过特别腥，鱼鳞也难处理，但可以用油煎炸着吃。

三十一、滑翔避敌的 "飞鱼" 燕鳐

鱼在水中游，鸟在天上飞，这是自然界的一般规律。但也有特殊情况：鱼可以在天空飞翔。如果在热带或温带海域航行，在蔚蓝的海面上，常常会有亮闪闪的鱼的侧影在身边闪过，它们就像银色的箭一样从水中射出，从天空中掠过，又突然消失得无影无踪。这就是会飞的鱼——燕鳐（yáo）。

燕鳐属脊索动物门辐鳍鱼纲颌针鱼目飞鱼科，是海洋暖温性中上层鱼类。全世界共有 8 属 50 余种，以太平洋为最多，印度洋和大西洋次之。我国有 38 种，南海、东海、黄海、渤海皆有分布，以南海为最多。燕鳐头部灰褐色，背部青灰色，腹部银白色。身体粗短，略呈棱形，背部和腹部较宽，两侧较平，至尾部渐渐变细。体长为 233 ~ 284 毫米，体重 200 ~ 300 克，口较小，吻较短。眼睛较大，圆形，侧上位。鼻孔较大，位于眼前缘。上咽部有齿丛，鳔较大。浑身披着大而圆的鳞，但鳞很容易脱落。侧线低，近腹缘。臀鳍位于身体后部，与背鳍相对，没有鳍棘。胸鳍特别发达，长而宽，长度一般为身体长度的三分之二，最长的可达身体的四分之三，宽度一般为体长的三分之一，可以延伸到尾部。燕鳐的胸鳍花纹各不相同，有的是黄褐色的斑点，有的是淡黄色，有的是黄白色边缘或条纹。两个胸鳍好像飞机的机翼，又像昆虫的翅膀，所以称为"翼状鳍"。腹鳍也较发达，达到臀鳍的端部，尾鳍呈深叉形，分成上下两叶，下叶比上叶长。燕鳐的这种体形既有利于在水中飞快地游泳，也有利于跃出水面进行滑翔飞行。燕鳐跃出水面时，如果没有坚强宽大的尾鳍的配合也是不行的。

　　燕鳐飞离水面是逃避敌害的一种自我保护的措施。燕鳐在大海中常常受到那些凶猛的金枪鱼、箭鱼、鲯鳅等鱼的追逐，在无法逃避的危急时刻，它们便跃出水面。可是在天空飞翔也并不是十分安全的，它们随时有可能成为海鸥的美餐。所以，它们经常是时而跃出海面，时而钻进海水中，逃避海里和空中的各种天敌。

跃出水面飞行的燕鳐

　　燕鳐在飞行前，先是在水中高速地游泳，将胸鳍和腹鳍紧紧贴在身体两侧，整个身体像一艘潜水艇，然后尾巴猛烈拨水,产生强大的冲力,突然跃出水面,立即展开胸鳍和腹鳍,在空中凭借着海面上强大的气流,做滑翔飞行,姿态极为优美。飞跃的高度可达 5~6 米,最高可近达 11 米,速度很快,每秒钟可达 15 米,"飞行"的距离一般为 300~400 米,如果是顺风可以达到 500 米以上。长时间飞行可达 45 秒钟。燕鳐在空中还可以用尾巴来改变飞行的方向。当燕鳐成功地完成了一次"飞行"落水后,休息一段时间,才能进行第二次"飞行"。有时情况危急,完成第一次"飞行",身体还没有完全落水,用尾鳍下叶拍打水面,它们可以再次跃出水面,继续在空中"飞行"。

严格地说,燕鳐的飞行只能称为"滑翔",与鸟的飞行有着本质的区别。鸟的胸肌很发达,能迅速地收缩和舒张,从而指挥翅膀上下翻飞。燕鳐的胸肌不发达,燕鳐"飞行"时双鳍是不动的,确切地说,燕鳐的"飞行"只是一种"发射",就如射箭一样。逆面吹来的风如浮力一样在伸展的鳍下托着它。

燕鳐以细小的浮游生物为食。每年 2 月,从赤道附近向海南岛东南面游来,3~4 月散布于海岸边产卵,卵膜上具有突起或长丝状突起,5 月底产完卵又向外海游去。

燕鳐的视觉很敏锐,有趋光性,对光线特别敏感。渔民们便利用这一点,在渔汛期间黑夜,船上点一盏明亮的灯,燕鳐便会像飞蛾扑火一样,纷纷跃到船上,撞昏在甲板上,不用网,也不用钓饵,鲜美可口的燕鳐便唾手可得。有时一小时可收获一箩筐。白天也可以在海面上设置飞鱼流刺网,挡住飞鱼前进的道路,使它们自投罗网。燕鳐肉细嫩,特别鲜美,有很高的营养价值,也是餐桌上的佳肴。

三十二、能够发电的电鳐

　　人们在现代社会一刻也不能离开电。一旦断了电，整个宇宙夜晚漆黑一片，简直不可想象。在现代战争中有一种打法，就是专门攻击对方的电网，切断对方的电源，造成社会瘫痪而形成败局。人们是利用水力、风力、火力或太阳能来发电的。你知道吗？有些动物也能发电，它们本身就是一台小型发电机。电鳐便是其中很有代表性的一种。

　　电鳐属脊索动物门软骨鱼纲电鳐目电鳐科。它是在热带和温带海域栖息的海底的一种鱼类。全世界共有 3 科 10 属 38 种，我国已发现 2 科 5 属共 8 种。电鳐是软骨鱼，身上光滑无鳞，身体背腹呈扁圆形，活像一个大草帽。背面灰褐色或赤褐色，具有不规则暗色斑块，腹面呈白色。头、胸部连在一块，尾部似一根粗粗的棒，整个身体也很像一把肥厚的团扇。眼睛一对，突出，很小，长在背面前方的中间，有的种类已退化。鼻孔近口，但与口完全分开，前鼻瓣宽大，伸达下唇。前鼻瓣后缘连合成为一个很宽的口盖，口也较小。眼眶前软骨扩大，形成许多分支，向前伸直达吻端。背鳍和尾鳍端部有角质鳍条，胸鳍与腹鳍的端部却无角质鳍条。身体大小不一，最大的也可达 2 米，体重可达 90 千克；最小的 0.3 米以下。白天它们潜伏于海底，黄昏与夜间较活跃，摄食甲壳类、贝类及环节类等各种海底动物。电鳐广泛分于太平洋、印度洋和大西洋西部各沿海区，我国南海、东海南部均有电鳐在生活。我国产的电鳐体形较小，一般在 0.3 米左右。

雄性电鳐长到 23～37 厘米时性成熟，雌性电鳐生长在 35 厘米时性成熟。卵胎生，受精卵在雌性电鳐体内孵化。每胎生 5 尾幼鱼，在浅海处发育。

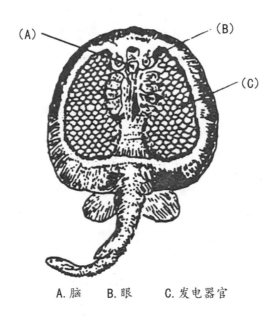

A. 脑　　B. 眼　　C. 发电器官

电鳐的电器官构造

电鳐最大的特点是能够放电，每秒钟能放电 50 次，电流可达 50 安培，电压可达 60～80 伏。有的最高时电压可达

220伏，和家用电器的电压完全相同。电鳐放电功率很大，有的可达3000瓦。放电是电鳐捕食和打击敌害的主要手段。

电鳐为什么会放电？

原来，电鳐的身体内部有特殊的发电构造——头脑部和腹部两面各有一个肾脏形的发电器，每个发电器有许多蜂窝状的细胞，它们排列成六角形柱体，被称为"电板柱"。因电鳐种类不同，电极柱的多少也不一，一般为2000块左右，多的可达200多万块。电板之间充满着胶质状的物质，起到绝缘作用。每块"电板"的背面光滑的部分分布着神经末梢，另一面凹凸不平，没有神经分布。腹面是负电极，背面是正电极。电流方向从正极流向负极，也就是从电鳐的背部流向腹部。当大脑神经受到刺激或兴奋时，在神经脉冲的作用下，两个放电器立即把神经能转化成电能，放出电。每块电板产生的电压都是微弱的，大约只有0.1毫伏，但数千块"电块电板"串联在一起，就能发出强大的电压，足以击毙任何大鱼，就算人类遇到这种电压也相当危险。我国一个远洋渔业船队，一次从渤海湾到东海渔区作业，检修员潜水作业时遭到电鳐的袭击，突然四肢麻木，浑身战栗，险些造成危险。将一万条电鳐发的电集中在一起，可以启动电动火车。

人类很早就知道电鳐的放电现象，古希腊和罗马时代，医生常把患者放在电鳐身上，利用电击来治疗风湿和癫狂等疾病。就算到了今天，一些患风湿病的老人经常在退潮后去海滩寻找电鳐，把它们请回去，当作自己的"医生"。

能放电的鱼全世界已发现了500多种，如生长在中美和南美河流中的电鳗，发出的电压可高达 300 伏特左右。生长在埃及和尼罗河中的电鲶，发出的电压也可达 450 伏特左右。

19 世纪，意大物理学家伏打模仿电鱼放电的构造制造了世界上第一个直流电源——伏打电流。他利用锌板与铜板在盐液中产生微弱电压，作为放电器的电板块，然后把这些锌板、铜板串连在一起，就产生了较高的电压。科学家还发现，电鳐放电不仅是为了防御敌害的攻击和捕食，还可以用电来定位和通信。根据这一原理，科学家正在研究新的水下通信仪器。这种仪器一旦研制成功，前景可观。如果能够模仿电鱼的发电机制，在海水中发电，那么船舶和潜艇就有了用之不尽的能源。

电鳐肉可以吃，但因肉质松软，味不甚鲜美，喜欢吃的人不多。

三十三、为后代献身的大麻哈鱼

自古以来，产生了众多为爱情献身的美丽而动人的传说，如梁山伯与祝英台、许仙与白娘子、焦仲卿与刘兰芝等。但为后代献身的传说却很少听到，在生物界却有许多甘愿为后代捐躯的故事，大麻哈鱼可算是典范。

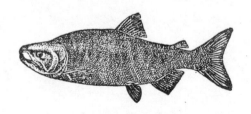

大麻哈鱼

大麻哈鱼是脊索动物门鲑亚目鲑科的鱼类，又名大发哈鱼、达发哈鱼，是冷水性溯河回到故乡产卵的洄游鱼类。身体侧扁。背腹外廓相对称，呈纺锤形。体长为 60 ~ 100 厘米。背侧为黄绿色，腹部呈银白色，产卵时体色暗淡。头长与体高略相等。口端位，口裂大，上颌骨后延至眼的后缘，斜向下方，形似鸟喙。口内有尖锐的牙齿，是海洋里凶猛的食肉鱼类。全世界共有 6 种。分布于白令海、北太平洋、鄂霍次克海、日本海及沿岸河流中。每年，我国黑龙江、乌苏里江、松花江、牡丹江皆有洄游归来的大麻哈鱼，以乌苏里江为最多。

大麻哈鱼的幼鱼生活在淡水中，常潜伏在石砾间黑暗的地方，以浮游生物、甲壳类动物为食，性情比较温和，长到50毫米便开始长途跋涉，降河下海。到了海里，就变得凶猛残暴。海洋中丰富而充足的食物，使大麻哈马的身体逐渐变得肥厚健壮。幼鱼在海洋里生活3~5年，一般4龄时发育成熟，到了择偶婚配的阶段。每年8~9月，它们便成群结队地以每昼夜47千米的速度从外海进入近海，进入江河，返回故里。从海洋进入淡水领域后，因环境不同便停止进食。它们日夜兼程，快速奔波，纵有激流、瀑布也不退缩，顽强地游向目的地——自己的出生地。

大麻哈鱼回到故乡后，便分散开来，各自寻找配偶，着手筹备婚事。它们对新房的选择很苛刻：环境要僻静，水质要澄清，水流要较急，水温还要在5~7℃，水深1米，底质为石砾的地方。新房是椭圆形的沙坑。建造新房的任务由"新娘"来承担，它不时地摆动尾鳍，利用水流向四周扇开沙砾，经过一个多小时的努力，形成一个直径约1米、30厘米深的圆形坑，这样新房就建成了。在挖坑的过程中，雄鱼并不来帮忙，只是在雌鱼的周围游来游去，似乎是一个守卫者。一旦有同类来抢占"地皮"，或有"情敌"从中插足，雄鱼就奋起还击，把对方赶跑。

新房建好了。双双进入洞房，便开始产卵，雌鱼把一颗颗橘红色的圆形卵粒排出体外，卵较大，直径约6毫米。同时，雄鱼喷射精液，具有黏性的受精卵很快下沉，附着在坑底。大麻哈鱼的产卵量一般在4500粒左右，要分两三次来排。雌鱼第一次产卵完成后，不顾产后身体虚弱，逆水而上，重新选址，开始挖掘第二个产卵坑。

卵全部产毕后，雌鱼拖着疲惫的身体，用尾鳍拨打四周沙砾，让沙砾把坑中受精卵覆盖起来，形成一个小沙丘，以此来保护受精卵免受其他鱼类的侵袭。埋坑花费的时间要比挖坑多好几倍。受精卵从细沙砾间隙的水流中获得孵化期间所需的充足氧气。为了下一代，当妈妈的考虑得真周到，可以说是耗尽了心血，操碎了心。一切安排好了，雌大麻哈鱼精疲力竭，身体就彻底垮了，但仍不忍离开，一直在沙丘旁吃力地游弋，尽保护后代的最后职责。痴情的雌鱼最后有的被水鸟吞吃，有的精力耗尽被急流冲走，它们都来不及看一下即将出世的儿女们就死了。雄鱼虽不像雌鱼那样操劳，但由于停食和长途跋涉，在排精后的7~14天，也相继死去。大麻哈鱼为了下一代健康安全成长，双双献出了生命，真可谓可歌可泣。受精卵经过一冬低温孵育，到翌年春天，胚胎孵出，幼鱼在产地逗留约一个月。父母亲为它们准备的卵黄吸收完毕后，开始索食，长到50毫米左右，开始下海。

大麻哈鱼不仅营养丰富，肉质鲜美，而且每千克大麻哈鱼肉里含有5毫克天然虾青素，这是一种很强的氧化剂，有助于糖尿病、动脉硬化等疾病的康复。大麻哈鱼肉还有补虚劳、健脾胃、暖胃和中的功能，可治疗消瘦、水肿、消化不良等疾病。大麻哈鱼历来为人们所称道，是世界名贵的经济鱼。现在已开始人工养殖。

　　大麻哈鱼幼年离家，盛年返回故里生育，最后为了下一代献身的执着精神，一直为人们所称道，其声誉甚至超过它的经济价值。

三十四、海洋里的"恶霸"鲨鱼

人类社会有土匪恶霸，欺男霸女，大海大洋中也有这样的"恶霸"，这便是鲨鱼。它是海洋中最凶猛的鱼类。

鲨鱼属脊椎动物门软骨纲中的板鳃亚纲鲨形目，是比较原始的软骨鱼类，早在4亿年前就活跃在大海大洋中了。它是海洋中游速快的中大型海洋鱼类。全世界的海洋中皆有它们的身影。鲨鱼中的种类很多，现存的约有8目25科，有250～300多种。我国海域也有约130种。它们身体大小相差很悬殊，最大的鲸鲨身体长达20多米，体重有10多吨，是鱼类之冠；最小的角鲨鱼体长仅15厘米。鲨鱼的身体呈流线型，和鱼雷很相似，全身覆盖着牙齿状的鳞片。皮肤坚硬，呈暗灰色。尾部肌肉强壮有力，不对称，上翘。尾鳍呈镰刀形，背鳍高耸。头部按照它在水中游动的节奏由左向右，再由右向左缓慢地移动着。它的眼睛是固定的，一旦发现猎物，紧紧地盯住，一刻也不放松。口在头部下方，呈横裂缝状。当它张开大口时，它的下颚骨向前伸出，同时鼻子向上抬起，直到几乎与身体轴线形成直角为止。这样，它的嘴就处于头的前方，而不再位于头部下方。

姥　鲨

　　鲨鱼很凶残。它有一副特制的牙齿，一般海洋动物只有一排牙齿，鲨鱼牙齿特别多，竟有六排之多，从颌内一直长到颌边。最外面的一排发挥真正的牙齿功能，别的牙齿都"仰卧"着，以备不时之需，就像屋顶上的瓦片，彼此覆盖着。一旦外层牙齿脱落，里面一排牙齿马上就向前移动，占据脱落牙齿的位置。这样的兑换过程在鲨鱼的一生中不断进行。有些鲨鱼在一生中竟要换掉三万余颗牙齿，鲨鱼的牙齿强劲有力、锋利无比。有的锋利如剃刀，可以用来切割食物；有的如锯齿状，可以用来撕扯食物；有的呈扁平臼状，可以用来压碎食物的外壳和骨头。鲨鱼在海洋中不停地游动，无论是白天还是黑夜。这是因为一方面鲨鱼不像其他鱼那样体内具有鱼鳔——鱼依靠它在不同深度水中保持身体的平衡，在游动时鲨鱼是靠油性的肝脏来保持浮力的；另一方面，鲨鱼中大多数种类没有抽水器官，不能把水抽过鳃来给血液供氧，它必须借助不停的运动，保持身体平衡和不断地呼吸。鲨鱼游动的速度很快，每小时可达30海里以上。游动时，它们的第一背鳍经常露在水面上，渔民可以根据这点来识别它们。所有的鲨鱼都是肉食性的，主要捕食鱼类、海兽、软体动物和贝类，而且喜欢捕食海洋中衰老和患病的鱼类，正因为这样，它们确保了海洋的健康和生机。有人称它们为"海洋的清洁工"。有几种鲨鱼，如大青鲨、双髻鲨和噬人鲨还会袭击渔船，伤害渔民，其中噬人鲨最为残忍。也有些鲨鱼，如鲸鲨、姥鲨，性格较温和，常常懒洋洋地浮在海面上，缓慢地游着，捕食浮游生物，绝对不伤人。鲨鱼饱食一餐，可以几个星期不进食，似乎它们是把食物储藏在胃里慢慢地消化享用。饥饿的鲨鱼，除死鲨鱼外，什么东西都吃，不仅同伴之间互相吞吃，甚至连木板、舰艇推进器的螺旋桨也咬着吃，鲨鱼体内的消化液十分厉害，连钢铁都能溶化。

鲨鱼的感觉特别灵敏，尤其是嗅觉。鲨鱼大脑中嗅觉中枢占大脑的三分之二，它们能够嗅到远距离的、微弱的气味，特别对血腥味的反应更加灵敏。在大海里，如果一位潜水员某处受伤流血，很快会遭受到鲨鱼的围攻。鲨鱼身体两侧，由眼部到尾部有一条狭长的传感器官，那里有许多充满液体的小管，小管里飘浮着许多纤毛与敏感细胞相连。小管分成两支，一支连接眼下方，另一支通向眼上方。这样就使鲨鱼头部具有双重的敏锐性。侧线传感器官对低频率声响反应极为灵敏，连挂在鱼钩上的鱼儿挣扎声、人们游泳时发出的声音，甚至数百米的低频率的波动也会招致鲨鱼前来。另外，侧线传感器对压力波也很敏感，不同的压力感受使鲨鱼知道自己在水中的深度，并能游到不同的海域去。

噬人鲨

鲨鱼具有特殊的回声定位能力和十分完备的声呐系统。一般鱼类只有内耳，对身躯起到平衡作用，对听觉的作用不大。可是，鲨鱼的内耳能听到外界的声音。当外界的声音传来时，内耳里的内淋巴发生振荡，刺激内耳的感觉细胞，再经过听觉神经传输大脑，然后做出反应。鲨鱼这样发达的感觉器官，在动物王国里是绝无仅有的，这也是鲨鱼猎物很"准"的原因。正因为这样，希腊人称鲨鱼为"海洋中的猎犬"。这称号，对鲨鱼来说是恰如其分的。有趣的是，鲨鱼的痛感极小，生命力极强，如果把鲨鱼的肚子剖开，取出内肠，扔到水里，它仍然可以自由游泳。

鲨鱼大多数是卵胎生。也有几种鲨鱼，如灰星、真鲨是胎生的。卵在雌鲨鱼体内受精，在生殖道内发育。发育过程中所需营养由卵本身的卵黄来供给，最后生出仔鱼。这种卵胎生不受外界环境的影响，能更好地保护后代，要比卵生进步得多。产出的胎儿多少不一，多的几十个，少的只有 2~3 个。

鲨鱼全身都是宝。鲨鱼的鳍可做鱼翅，是上等的名菜。鲨鱼的肉可供食用，宜腌制成鱼干。鲨鱼的皮是制革工业的宝贵原料。鲨鱼的肝脏含有大量的油脂，含油率高达 63%。这油是极好的营养品，从一条 10 米长的姥鲨中可以获得 500~600 升的鱼肝油。这油在 -50℃ 都不冻结，是工业上一种高级的润滑油。从鲨鱼肝脏中还可以获取抑制肿瘤生长的物质，有超强的抗感染及抗癌能力。从鲨鱼软骨中提炼的软骨素，可以抑制癌细胞的生成，也是制取抗癌药物的重要原料。

三十五、千里洄游的中华鲟

你看到过中华鲟吗？

在江苏省前黄高级中学的动物博物馆里就有一条中华鲟标本，长 2.7 米，鲜鱼估计重有 200 多千克，陈列在玻璃橱窗里，向人们显示着威武、雄壮与古老。

这条中华鲟标本是该校 1955 届校友张国民（时任葛洲坝工程局纪委书记）赠送给母校的。中华鲟是非卖品，也是禁运品。江苏省前黄高级中学通过各级政府部门，一直到国务院才把运输手续办妥，让这条中华鲟安全地落户在江苏省前黄高级中学的标本馆里。

中华鲟又名鲟鲨、鳇鱼、鳣鱼、苦腊子。它属脊索动物门硬骨鱼纲鲟科的鱼类。它是地球上最古老的脊椎动物，资格比恐龙还要老，早在两亿年前，就活跃在我国的大江大河和近海里。我国公元前一千多年的周朝典籍里就有关于中华鲟的记载，被称作王鲔鱼。中华鲟是有名的"活化石"，它介于软骨鱼类和硬骨鱼类之间，又是硬骨鱼类中较原始的类群，对研究古生物学、地质学和鱼类演化都具有十分重要的意义。

中华鲟身体庞大，一般体长 0.4～1.3 米，体重 50～300 千克，最大的个体体长 5 米，体重可达 600 千克，是名副其实的"长江鱼王"。中华鲟身体呈纺锤形，背部呈拱形弯曲，腹部平直，在水里很像一艘潜水艇。头尖吻长，向前上方突出，吻部腹面中央有两对须，用来搜寻水底食物。口在下方，呈横的裂口，能够自如地向外伸缩，并能伸成筒状。身上被覆着五行大而硬的骨鳞；背面一行，体侧和腹侧各两行，似装饰的团花，非常好看。尾鳍有点歪斜，上叶比下叶发达。眼睛较小，鳃孔较大。头部和体背侧一般为青灰色和褐色，腹部为白色。中华鲟吃的东西非常多，从蚊子、蜻蜓的幼虫到软体动物及小鱼等，一般说它逮到什么就吃什么。它的寿命很长，一般要活 40 年，甚至上百年。

中华鲟

中华鲟是著名的洄游的底层鱼类，现在主要生活在长江、黄河、钱塘江及沿海各地。它们出生于江里，成长在海里，洄游于咸水与淡水之间。它们每年沿着一条固定不变的道路洄游。每年 9 月下旬到 11 月上旬，成年中华鲟——雄鱼 9～19 岁，雌鱼 14～26 岁，成群结队由东海入江，溯江河而上，行程 3000 多千米，第二年 10 月来到固定的产卵场，进行繁殖。长江流域的产卵场在重庆以上江段的深潭和金少江下游。那里水流清澈湍急，河床是岩石，泥沙少，水温适宜。雌鱼先将卵产在石头上，一头雌鱼一般排卵 47.5～144.5 万粒。卵呈椭圆形，灰绿色，具有黏性。雄鱼跟着受精。受精卵在水温 17～18℃的环境中，经过 123～140 小时便孵化成幼鱼。中华鲟很特别，只管生，不管养育，天生没有抚育儿女的本领。产卵后雌鱼大多数离开产卵场，到下游和河口区栖息。这些襁褓中的生命大部分便成了其他鱼类的佳肴美味，还有一部分随波逐流，被泥沙淹没，只有一小部分幼鲟，顺江水漂流入海，在海中生活 10 年左右长成成年鱼，然后追寻幼年时的足迹再回到长江上游的产卵场去生儿育女。它们一别 10 年左右，才回到老家。它们为什么这么恋家，而且不迷路，这大概是家乡情结吧？

中华鲟是大型的经济鱼类，全身都是宝，四川渔民有"千斤腊子（中华鲟）万斤象（白鲟）"的说法。中华鲟的肉鲜美，是宴席珍品。中华鲟的卵尤其珍贵，是制作鱼子酱的上等原料，一向有"黑色黄金"的美誉。中华鲟的皮可以制革。中华鲟也有很高的药用价值。《本草纲目》记载："（鲟鱼）肝主治恶疮；肉补虚溢气，令人康健；煮汁饮，治血淋；鼻肉作脯，补虚下气；子状如小豆，食之健美，杀腹内虫。"鲟鱼的软骨和骨髓，含有抗癌因子，具有抗癌作用。

由于中华鲟经济价值高，长期过量捕捞，再加上生态环境的改变，中华鲟的数量越来越少，已濒临灭亡的危险。我国已把中华鲟列为一级保护动物，加以保护和抢救，先后成立三个自然保护区：江苏省东台中华鲟自然保护区、湖北省宜昌中华鲟自然保护区和上海长江口中华鲟自然保护区。早在1983年中华鲟研究所就开始人工繁殖中华鲟的研究，一直到2009年获得成功，开始把人工繁殖的幼鲟放流到长江里，早已突破一百万头。

三十六、庄稼的"保护神"青蛙

　　青蛙在每个孩子的童年都留下过踪迹。这固然与青蛙可爱的外表有关，通体青碧，或青黄相间，或呈土灰色杂以一个一个小小的黑斑，腹部白色。鼓着圆圆的腮帮，睁着一对怯怯的大眼睛，面对一泓清水"咕，咕……"地鸣叫着，悠闲自在，确实令人怜爱。另外，还有一个重要的原因就是青蛙擅长吃害虫。它是一切害虫的天敌，也是人类的好朋友。据统计，我国最常见的一种黑斑蛙，一只一天可捕食 70 只害虫，一年可消灭 15000 余只害虫。一只泽蛙每年可消灭 48000 只害虫。"稻花香里说丰年，听取蛙声一片"，这句宋朝著名诗人辛弃疾的名句，既写出了人们普遍的生活经验，把青蛙与丰收联结在一起，也表达了人们对青蛙的审美情趣。

　　青蛙又名田鸡，属脊索动物门两栖纲无尾目蛙科。全世界共有青蛙 3800 种，我国已发现 90 多种。大小也不一，最小的青蛙只有 5 厘米，大的有 30 厘米。青蛙也是古老的物种，约有二亿年历史。全世界除南极洲外的各大洲都有青蛙在生活。青蛙的适应性特别强，可适应包括沙漠、森林和草地在内的所有环境。有些青蛙甚至可生活在喜马拉雅山和安第斯山海拔

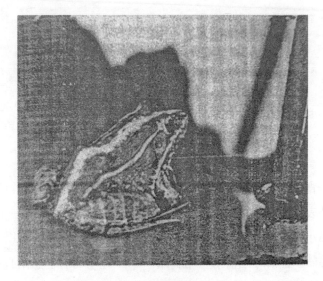

青 蛙

5000米以上地区。热带地区青蛙的种类更多，厄瓜多尔有个叫圣瑟西里尼的边远小村落，生活着81种青蛙。青蛙的皮肤柔软、湿润，既无鳞又无毛，很光滑。身体可分为头、躯干和四肢三部分。头部扁平，呈三角形，吻端稍尖。口较大，由上下颌组成。眼大而突出，在头的左右两侧，有三个眼睑，其中一个是透明的，在水中起到保护眼睛的作用，另外两个是普通的。头上的两侧有两个略微鼓起的小小的包，是青蛙的耳膜，可以听到声音。前两肢短，后两肢较长，肌肉发达，弹跳好，一次跳跃的距离是体长的几十倍。

青蛙一动不动地蹲在水边，一对大眼睛凝视远方，一旦昆虫飞到水边，它便猛然腾空而起，似离弦之箭，一口将昆虫吞入口中，对方还不知道是怎么回事，就已经成了青蛙口中的佳肴了，命中率达百分之百。也就是说，只要害虫进入青蛙的视线，是无法逃脱的。青蛙捕捉害虫的本领十分高强。它有两件法宝：一是能翻卷的舌头。青蛙的口腔宽阔，舌根较特别，长在下颚的前端，舌软而长，翻卷自如。表面有层黏液，遇到害虫时将发达的舌头翻出，很轻松地把害虫整个卷到嘴里，吞入胃中。二是有对特殊的大眼睛。青蛙两眼科学上称为"视动眼"，它可以看清飞速运动的物体，对静止不动的东西却视而不见。有人做过这样的实验，把青蛙关起来，面前放一堆死苍蝇，结果它竟然没有看到，活活地饿死了。青蛙眼睛视网膜的神经细胞分成五类：一类仅对颜色起反应；另外四类仅对运动目标的某个特征起反应，并能把分解出来的特征信息转送到大脑的视觉中枢——视顶盖。视顶盖上有四层神经细胞：第一层对运动目标的反差起反应，可以辨别物体的前缘和后缘；第二层对运动目标轮廓、颜色较暗淡的凸边起反应；第三层是对运动目标四周的边缘起反应；第四层只对运动目标明暗变化起反应，只要光线强度稍一减弱，它就能立即做出反应，即便一只小昆虫飞来，出现一丝阴影，它便能感受到了。这四层细胞的反应叠加在一起，青蛙便可以从轮廓、颜色、构型、光线、方向等各个角度清楚明白地看到运动中物体完整的图像，通过大脑的综合分析，迅速做出反应，或捕食，或逃跑。

科学家们仿照青蛙的视觉原理，研制出"电子蛙眼"，能增强雷达抗干扰的能力，准确无误地识别飞机、导弹、舰船等快速移动的物体。如果在机场控制系统中应用电子蛙眼，监控

青蛙翻卷的长舌

飞机的起飞和降落，一旦发生意外情况，便能及时发出警报，防止事故发生。

青蛙是用肺呼吸的，也可以用潮湿的皮肤从空气中吸取氧气。青蛙皮肤里还有各种色素细胞，会随着温度、湿度的变化或扩散或收缩，使皮肤的颜色发生或深或浅的变化。有经验的农民能根据青蛙皮肤的颜色来预测天气的变化。

池边蛙鸣

在秋末天气变冷时，青蛙便蛰伏在洞穴或水底里冬眠，到第二年春季天气变暖回到水中繁殖。繁殖期间许多雄蛙聚到一个共同的区域，高声鸣叫，来吸引异性，结成"夫妻"。配对后，雌蛙开始在小溪流或浅水滩排卵，每次排卵 3000～6000 粒，同时雄蛙向水中排出精子，在水中结合成受精卵。受精卵孵化成蝌蚪，蝌蚪变成青蛙的时间随着青蛙的种类不同而不同，一般来说，热带地方较快，受精卵发展为蝌蚪，只需一周时间；寒带天气较冷，受精卵发展为蝌蚪需要一年多。蝌蚪生活在水中，以尾游泳，用鳃呼吸，食取绿藻等植物性食物。一般经过两个月左右的发育，蝌蚪变成幼蛙，尾巴逐渐消失，开始陆上生活，改用肺呼吸。从幼蛙到性成熟需要 3 年时间。有些品种的青蛙，由于生活的自然条件不同形成了独特的生儿育女的绝招，如智利的达尔文蛙，雌蛙产下 10～15 粒卵，全部被雄蛙吞进嘴巴，藏到喉部下面的空腔——大声囊里，卵在那里孵化成蝌蚪，由蝌蚪变成幼蛙后，趁雄蛙打嗝时从嘴里一只一只地蹦跳出来。再如委内瑞拉的侏袋蛙，背上有个育儿袋，雌蛙产下卵，雄蛙帮着将卵放进袋里，蛙卵发育成蝌蚪后，雌蛙会爬到水源处，屈曲和挤擦身体，让蝌蚪离开育儿袋，走向一个新世界。

青蛙常常生活在稻田、池塘、水沟或河流沿岸的草丛中，有时也潜伏在水里，一般是白天潜伏，晚上出来捕食。青蛙最爱吃的是蛾、蚊、蝇及稻飞虱等农作物的害虫。

许多地方提倡少用治虫农药，在庄稼地里繁殖青蛙，让青蛙守卫庄稼，捕杀害虫。这样不仅可以减少农业成本，防治污染，还可以种植出不含农药的绿色食品。

三十七、最大的两栖动物大鲵

夏天的晚上，独自在山间溪边漫步，听着淙淙的流水，享受着习习的凉风。突然溪边传来阵阵婴儿般的啼哭"哇……哇……"给幽寂的夜晚增添了一丝忧伤的气氛。谁家婴孩在溪边啼哭？千万别上当，这不是婴儿在哭泣，这是大鲵在欢叫。正因为大鲵的叫声似婴儿那样啼哭，而且前肢竟然像小孩的臂，因此人们称它为"娃娃鱼"。其实，大鲵并不是鱼，而是一种古老的两栖动物，它是用肺兼皮肤呼吸的，它介于鱼类和爬行类动物之间，属脊索动物门有尾目隐鳃鲵科。大鲵的外貌有点古怪，一点也不像婴儿那样眉清目秀，可以说是要多丑就有多丑。整个体形像蜥蜴，又有点像鲇鱼。头和身体一样又宽又扁，看不出颈的分界，头顶上长着两个很小的鼻孔和一对绿豆般大小的眼睛。嘴却宽大，上下颌有坚硬的锯齿状的小齿，身体两侧有皮肤褶，更增添了它的丑态。大鲵的尾巴侧扁而宽大，占身长的三分之一。四肢粗短，前肢4趾，后肢5趾，均有微蹼，适于游泳。大鲵一般呈棕褐色，背腹面还有深黑色的成对的疣粒，活像穿着迷彩服，腹部颜色较淡，体表光滑湿润，没有鳞片覆盖。大鲵一般身长0.6~2米，体重10~

50 千克。湖南桑植县曾捕捉到一条大鲵，长 3 米，体重 73.5 千克，可算是大鲵中的"王"了。

大　鲵

大鲵也是一种"活化石"。早在 2 亿多年前，那时几块大陆还连在一起，大鲵就在北半球广泛生活了。后来，古大陆逐渐分离，海水相隔，大鲵在不同的自然环境里生活，经过长期的自然选择，有的被淘汰了，有的保存了下来。现在世界上除我国有大鲵外，还有日本的大山椒鱼和美国的隐鳃鲵。我国先祖很早就对大鲵进行了研究。古书《山海经》中说："出丹洛二水，有鲵大者谓之鰕。"《尔雅》中也说："鲵似鲇，四足，声似小儿。"我国的大鲵要比日本和美国的大且重。我国的大鲵共有 120 种，分布较广，遍及黄河流域以南的各省。

大鲵通常生活在海拔 200～1000 米的山涧溪流中，往往单独匿居在水草繁茂、有回流而且阴暗渗水的土窟窿和岩洞里。一般是定居的，春夏两季居住在洞口，偶尔出来晒晒太阳；秋冬则移居在洞穴深处。它惧光喜暗，常常昼伏夜出。大鲵喜欢吃"自来食"。它的猎食方式很独特，是守株待兔。它隐蔽在洞口或溪水里的石头后面，等到猎物靠近时，突然袭击，一口咬住不放，然后囫囵吞下肚去，慢慢地消化吸收。大鲵吃的东西很广泛，水生昆虫、虾、蟹、鱼、蛙、蛇、小鳖等动物，有时还吃一点山椒果实和树叶，弄得满身都是山椒气味，有的地方叫它"山椒鱼"。大鲵还会用尾巴伸入蟹洞，让蟹的大钳夹住它的尾巴，顺势把蟹钓出来，饱餐一顿。看来，大鲵还蛮聪明的。大鲵的幼体喜吃植物性食物，两年后才开始吃动物性食物。大鲵忍饥耐寒能力非常强，一年以上不吃还能生长，长期挨饿也不会失重。它的生命力也很强，剖腹除去内脏后一小时，还能爬动咬人。高山溪涧冬季水温低，它便于 11 月开始伏在洞中冬眠，约 4 个月，到来年春暖花开的时候醒来。醒来后，它急需补充营养，有点饥不择食，逮到什么就吃什么，有时甚至连弟弟妹妹和自己的子女也吃。所以，有些地方称它为"狗鱼"，毛泽东也曾戏称它为"恶霸地主"。

别看大鲵一副蛮笨的样子，对付敌害却有高招，它先用锋利的牙齿咬，用粗壮的四肢抓，用有力的尾巴抽打，进行还击，如果不行，它会突然"哇"的一声，把胃里的臭鱼烂虾朝敌人当头喷去，借此吓退敌人，趁机溜之大吉。如果还不能脱身，最后它便施出最后的绝招——从颈部的毛孔里分泌出一种黏糊糊的白色毒汁，弄得敌害口、舌，甚至全身不舒服，不得不把它放开，逃跑而去。

大鲵的繁殖季节为 7～9 月，是体外受精。先是雌大鲵把卵排在水底的岩洞中，水温为 14～20℃，每头排卵300～1500粒，然后雄大鲵过来在上面射精，受精卵呈圆豆形，外面包一层透明的胶质，形成条长链状的卵。雌大鲵把受精卵围在身上，免得被别的动物吃掉，不过自己的肚子饿急了，就顾不得子女了。剩下的受精卵在 20 天后出世，个子像小蝌蚪似的，用鳃呼吸。它们长得很慢，三年长到 300 毫米左右，体重不到一百克。5～6 年才性成熟，开始改用肺呼吸。

大鲵肉远比鱼肉、鸡肉鲜嫩，而且营养丰富，食用它能增进食欲，强壮体质，是宴席珍品；同时还是治疗疯癫病、霍乱、痢疾、妇科病、冷血病的良药；皮也可入药，治疗瘘疾；把皮研成粉拌桐油可以治疗烫伤；胃可以治疗小孩严重的消化不良。由于捕杀得厉害，大鲵面临濒临灭绝的危险。我国已把它列为二级保护动物，加以保护。20 世纪 70 年代就开始人工饲养、繁殖的研究，广州华宝珍稀水产养殖场 2001 年就繁殖了 9600 条。

三十八、"刺史祭拜"的鳄鱼

想当年，唐朝著名的文学家韩愈在广东潮州做刺史时，曾干过一件惊天动地的荒唐事。他选择了良辰吉日，准备了猪、羊等祭品，率领所属官员到"恶溪"祭拜恶物。他念念有词，指责恶物"食民畜"的恶行，责令恶物于三日内"率丑类南徙于海"，若 3 日不够可宽延以 5 日，最多到 7 日，如冥顽不徙者将"尽杀乃止"。韩愈祭拜的恶物便是鳄鱼。韩愈用恫吓的手段来赶走鳄鱼，为民除害，真是又天真又可爱又可笑，成了历史上一大笑话。

扬子鳄

鳄鱼是世界上现存最大的爬行动物，属脊索动物门爬行纲鳄目鳄科。世界上现在共有鳄鱼 23 种。鳄鱼早在 2 亿年前就和恐龙一起活跃在地球上。大约在 1.4 亿年前，鳄鱼的兴旺达到顶点。到了 6000 多万年前，大祸临头，以恐龙为首的爬行动物大都死亡殆尽，鳄鱼和鱼、蛇、蜥四大家族留下了若干子遗，苟延残喘，一直活到现在。

鳄鱼是高等爬行动物。体形很大，有的可长达 10 米，一般为 6~7 米。鳄鱼前身挺起，后肢修伟。尾部粗壮，超过头和躯干的总长，侧扁如桨，既是支撑体重的平衡器，又是游泳与袭击猎物或对付敌害的厉害武器。鳄鱼的鼻孔在吻端的背面。眼小而微突，瞳孔纵窄，与外鼻孔连在一线。鳄鱼用肺呼吸，在水下时，一般要把鼻孔露在水面，以便呼吸。鳄鱼外表不雅，一身黑乎乎的疙瘩，一副凶巴巴的样子。它喜欢栖息于湖泊、沼泽的滩地或丘陵山涧乱草蓬蒿中的潮湿地带。平时捕食弱小动物，如野鸭、野兔、青蛙、老鼠、鱼、螺等。鳄鱼的视觉、听觉都很灵敏，身体各部分也很灵活。当它在水中游动时发现了小动物，不马上捕捉，而是躲到水底悄悄地接近猎物，一动不动地盯着猎物，趁猎物不备，突然跃起捉住猎物，用尖硬的牙齿把猎物一块块地撕碎，慢慢地吞入胃中。别看鳄鱼的牙齿很锋利，其实它的牙齿只会撕裂猎物，并不能咀嚼食物。鳄鱼每年要吞食一块鹅卵石，留存胃里，借以磨碎猎物的骨头和硬壳。我们可以从它胃里的石块数量准确无误地推算出鳄鱼的实际年龄。尼罗河鳄鱼与一种叫千鸟的小鸟是好朋友，千鸟经常在鳄鱼身上和嘴里啄吃寄生虫，有时鳄鱼闭嘴把小千鸟关在嘴里，但鳄鱼并不吞吃它，只要千鸟轻叩鳄鱼的上下颌，鳄鱼便会张开嘴巴，让千鸟飞出来。千鸟感觉很敏锐，当鳄鱼休息时，千鸟便给它站岗放哨，一旦有情况便乱叫，唤醒鳄鱼，避开危险。

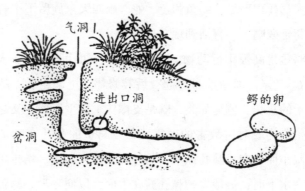

气洞

进出口洞

鳄的卵

岔洞

扬子鳄的洞府

　　鳄鱼对待自己的下一代却十分慈爱。每年 5～6 月鳄鱼交配，连续数小时，受精仅 1 分钟，7～8 月产卵。临盆前，鳄鱼喜欢在江河边林荫或丘陵地营建巢窝，它用尾巴扫出一个 7～8 平方米大的平台，台上建有直径 3 米左右的巢。用树叶、杂草铺在巢里，卵便产在巢里，每巢往往要产卵 30～50 枚。然后用厚草覆盖，利用草腐烂发酵的热量来孵化卵。有的雌鳄鱼伏在卵上孵化。雌鳄鱼产卵后不吃任何东西，一直守候在卵旁，防止敌害来侵害。经过两个多月的孵化期，幼小的鳄鱼便在卵中发出大声的叫唤，远在 200 米之外都听得清清楚楚。守卫在那里的小鳄鱼的父母亲便用前爪和嘴巴扒开腐草，小心翼翼地把将要破壳的幼鳄一个个地叼出，帮助它们出壳。雌鳄鱼的下颚有特别的皮袋，雌鳄鱼便把那些刚出壳的幼鳄全部装入皮袋中，带到水里，让它们开始新的生活。

新生的幼鳄都是集体行动的。它们用特殊的叫声与父母保持联系，它们的父母也大都在幼鳄群的周围活动，对幼鳄的看护十分严密，幼鳄一旦遇到危险，会发出刺耳的嘶鸣呼救，附近的大鳄鱼便立即挺身而出，保护自己的后代。可以说，鳄鱼对自己的子女真可谓关怀备至了。

我国安徽、江苏、浙江三省长江中下游一带生活着一种鳄鱼，叫作扬子鳄。它个子比较小，体长一般为 1～2 米，重 10 多公斤。扬子鳄性情温和，从不损害人类的利益，甚至遭到人们的伤害时也不出手还击。它们以田螺、河蚌、鱼虾为食。扬子鳄不像其他的鳄鱼，以水中生活为主，它在陆上营巢定居，每年大部分时间生活在陆上。扬子鳄营造的洞府纵横交错，似迷宫一般，在地面有出入口、通气口，巢穴最深处在地表以下 2～3 米，每年 10 月下旬扬子鳄便进洞冬眠，它睡得很深，像死了一样，一直到第二年的 4 月下旬才苏醒。

由于鳄鱼的肉鲜美，营养丰富，历来都是宴会上的上等佳肴；鳄鱼皮是上等皮料，可以制作手提包、皮鞋、皮箱；鳄鱼骨可以做肥料；鳄鱼牙齿可以做装饰品。鳄鱼也可入药，《本草纲目》记载，鳄鱼有补中益气、润肺养阴、祛风除湿的功效，对久咳、支气管毛病及哮喘、肝脾肿大、膀胱癌都有较好的治疗效果。鳄鱼浑身皆是宝。由于人类长期捕杀，存世量已不多，处于濒临灭绝的境地。鳄鱼是研究古生物的"活标本"，很有科研价值，尤其是我国的扬子鳄，是鳄类中唯一冬眠的品种。我国已将扬子鳄列为一级保护动物，全力抢救。不仅在皖南青弋江西岸、浙江安吉、长兴等地建成保护区，还在安徽宣城建立了扬子鳄养殖场，成立了世界上唯一的扬子鳄繁殖研究中心。现在人工繁殖已取得很好的成绩。

三十九、断尾逃命的瑶山鳄蜥

　　广西西部的大瑶山，是景色秀丽的地方。奇峰浮云，松篁交翠，溪水淙淙，空气异常清新。在那块神奇而古老的山林里，数千万年以来，一直生活着一种与大熊猫一样驰名中外的古老动物——瑶山鳄蜥。

　　瑶山鳄蜥又名懒蛇、木睡鱼、大睡蛇、雷公龙，属脊索动物门爬行纲蜥蜴目鳄蜥科。全世界仅此一种。躯体长平均值为314.05毫米。体重不到一公斤。头大而高，略呈立锥形，吻部较尖细，末端圆纯。耳孔不明显，可是顶眼却十分明显。枕部有横沟。体侧有颗粒状的小鳞，腹部鳞片较大，略呈矩形，平滑。两侧有明显的棱，一直延伸至尾部。体表粗糙，尾背上方有两行棱鳞，形成明显的脊棱。体为深棕色，头侧和体侧为土棕色杂有黑纹，眼周围有几条辐射黑纹，眼下方的黑纹较粗，腹面呈浅黄色或金红色，杂以黑斑纹。尾侧扁，长而有力。它的头部和蜥蜴的头完全一样，它的大尾巴和鳄鱼尾巴十分相似，从外形看，它是鳄鱼和蜥蜴的结合体。这也是取名"鳄蜥"的缘由。

瑶山鳄蜥

瑶山鳄蜥 2 亿年以前就在地球上繁衍了，流传到现在外形基本上没有什么变化。它是弱小动物，远没有鳄鱼那样孔武有力，不像蝎子那样凶残，也没有大鸵鸟那样有奔跑神速的本领，然而它却能躲过各种天敌，战胜各种灾难，生存到现在，主要依赖于它的三大防御法宝。

一是断尾术。遇到天敌无法摆脱时，瑶山鳄蜥就来一手"弃"尾"保"命术，大尾巴自动断裂，断落的尾巴还能在原地迅速地活动几下。瑶山鳄蜥用这个办法来吓唬天敌，只要天敌稍许迟疑一下，放松对它的监视，它便可以溜之大吉。尾巴断落处不久便再生出短而圆的尾巴。瑶山鳄蜥这一手和蜥蜴的断尾术完全一样。

二是落水术。瑶山鳄蜥白天喜欢趴在溪边的树上休息，长时间趴着不动，只有发现猎物时才从树上迅速下来捕食。夜间也喜欢在水塘上方的树枝上睡觉，一有风吹草动，它便扑通一声跃入水中，潜水逃命。瑶山鳄蜥的潜水本领很大，一口气能潜 20 多分钟。正因为这样，瑶山地区的人又称它为

"落水狗"。

三是装死术。瑶山鳄蜥十分贪睡，夏天整夜趴在树枝上睡大觉，冬天它就钻进石缝或树洞中，进行冬眠，时间较长，从每年11月到来年的3月，一般要睡5～6个月，而且睡得很"死"，摸摸它，碰碰它，它仍一动不动。所以冬天很容易捕捉它。一旦被捉，它就装死，任你怎么摆弄，即使把它翻过来四脚朝天，依然和"死"的一样，但只要稍不注意，它便以最快的速度逃之夭夭。

瑶山鳄蜥的这三招很有用，靠这三招多次转危为安，度过劫难。

瑶山鳄蜥的食物以昆虫为主，也吃一点蝌蚪、蛙、小鱼小虾和蚯蚓等小动物。

瑶山鳄蜥夏秋之间交配，怀孕时间很长，一直到来年的4～5月产崽，每胎产崽为2～9条幼蜥，幼蜥经过3～4年才性成熟。它既不是卵生，也不是胎生，而是两者的结合：卵胎生。这在爬行类动物中算是高等的了。雌瑶山鳄蜥没有把受精卵排出体外，而是在体内孵化。胚胎的营养，母体不另外补给，全由卵本身供给。小鳄蜥出生时身披薄膜，它们伸出前爪，把薄膜抓破，然后一条条地爬出来，当时的体重每条一般为3克。幼鳄蜥一旦离开母体就开始独立活动。生下幼鳄蜥后，它们的父母亲也不再关心它们，放手让它们去闯荡"世界"，不给它们一点父母之爱。相反，雄鳄蜥有时找不到食物，也会把自己的子女一口吞下去，聊以充饥。

瑶山鳄蜥不仅生活在瑶山，在广西的桂平、贺州大桂山、广东的韶关和越南东北部等地也有发现。

　　瑶山鳄蜥是研究古生物不可多得的资料，有十分重要的科研价值。但是由于人类对树木的滥砍乱伐，山林遭到破坏，山涧溪流干涸，瑶山鳄蜥的生存环境越来越恶化，再加上它的贪睡，容易捕捉，瑶山鳄蜥的数量激剧减少，2008 年普查野生鳄蜥已不足千只了。为了拯救这一珍稀动物，我国已把它列入一级保护动物，严禁捕杀。在广西金秀瑶族自治县建立了瑶山鳄蜥自然保护区，并且开展了人工饲养和繁殖研究，也已取得了突破性的进展，人工繁殖的数量逐渐增多。

四十、有名的变色龙避役

19 世纪，俄国作家契诃夫写了一篇著名短篇小说《变色龙》，出色地塑造了人类社会中的"变色龙"别里科夫，这形象一直为世人所称道。其实，变色龙不仅人类社会中有，在动物世界里也有。生活在热带森林中的避役，就是典型的变色龙。

避 役

避役属脊索动物门爬行纲蜥蜴亚目避役科。全世界共有160余种，多分布于马达加斯加、非洲、印度和西班亚南部地区。体形大小悬殊较大，体长一般为25~35厘米，最大的可达60厘米，最小的只有3厘米。身体呈长筒状，左右侧扁而短，背部有脊棱，头部较大，呈三角形，头顶有一圈呈冠状或盔甲形的皮褶。全身长有鳞片，呈颗粒状。尾巴很长，可以扭曲成螺旋状，缠绕树枝。避役的四肢细长，指、趾对握：前足内侧二指为一组，其余3指为一组，握合在一起；后足外侧二趾为一组，其余3趾为一组，握合在一起。这样便能将树枝抓握得更牢固，犹如钳子一样，特别适合在树上攀缘。

避役是弱小动物，行动十分迟缓。要在弱肉强食的动物世界中求生存，必须要有一套特殊的自保手段。避役有四个绝招，这是它们种族延续几千年的重要原因。

第一个绝招是随着环境变化而改变体色。它们的基本体色是绿色，但能随着四周环境阳光、温度、湿度和颜色等因素随时变换全身的颜色。当光线强而且热的时候，它们的体色为绿色；当光线阴暗时，它们的体色就变为褐色。有时也可以是紫色、蓝色或花里胡哨的花纹色。避役体内有许多特殊的色素细胞，如果周围环境有了变化，避役就调整细胞中的色素分泌，使身体的色彩迅速改变，融入周围环境中，与环境保持一致，从而隐蔽自己，逃避敌害。避役变色还有一个重要的作用——用变色与同类沟通，传递信息或发出求爱的要求。变色也可看作它们的特殊的语言。

第二个绝招是恫吓。当它们遇到敌害，难以摆脱时，便立即猛劲吸气，使全身膨胀扩大，同时嘴里发出很响的怪声来恫吓敌害，在敌害被吓得不敢上前的一刹那，便乘机溜之大吉，或者折断所在的树枝，落地逃跑。

第三个绝招是"一目二视"。避役的眼睛构造很特殊，眼睑很厚，呈环形，外面有一个圆锥形的鳞片覆盖着，只留一个小圆孔，让瞳孔从小圆孔露出。眼睛外表很怪，两个眼球可以灵活地转动360度，而且能各自独立活动。一旦发现猎物，它能用一只眼睛盯着猎物，不让猎物逃跑，另一只眼睛可以同时观察周围世界，看看有没有其他的猎物。这样"一目二视"的本领是避役特有的，在脊椎动物中也是独一无二的。

第四个绝招是用舌尖粘昆虫。避役的舌头较长，舌尖宽，平时如钟表发条那样盘卷在嘴里。舌尖上具有特殊的腺体，能分泌出一种具有黏性的分泌物。每当避役发现猎物，舌头迅速充血，舌肌收缩，随着转动的头部，向着正在飞行的昆虫闪电般地喷射出去，准确无误地把猎物粘牢拉回嘴里，然后舌头一卷，吞入肚里，干脆利落。这四大绝招，确保避役几千万年以来延续至今。

避役常年生活在树上，也有少数生活在草本植物上。避役也很"懒"，长时间停留在树上一动不动，似乎什么事也不干，这也许就是叫它"避役"的原因吧。其实，避役是在守候猎物，它是以捕食昆虫为生的。避役是热带森林中一种非常奇特的爬行类动物。大多数种类是卵生的，也有少数的种类是卵胎生的。一般在8~9月交配，孕期一个月，每次产卵25~40粒，埋藏在靠近大树或灌木根部的土壤中，孵化期长达2

个月。避役的寿命一般为 3 年左右。

科学家受到避役变色的启发，探索出一种可以随着光线强度和温度变化而改变颜色的涂料。把这种涂料涂在镜片上，就制成风靡世界的变色镜；把涂料用在衣料、墙面等许多物体上，在不同温度和光照下，会呈现出各种不同的色彩来，在军事上很有价值。

四十一、难分功过的眼镜蛇

说起蛇，人人都怕，尤其是极毒的眼镜蛇。

眼镜蛇性情较为暴躁，它遇到敌害的惊扰，或受到威胁时，便会立刻把身体的前 1/3 部分直竖起来，一面左右不停地摇摆，一面用颈部游离的肋骨逐渐向两侧扩张，把颈部撑起来，形成膨大的扁平的片状，颈背一对白边黑心的眼睛状斑纹清晰地显露出来，并且头部向前伸出，嘴里不停地发出"呼呼"的示威声。这是眼镜蛇摆出的一种临战姿态，向敌害发出严重的警告。如果警告无用，眼镜蛇便立即发起进攻。

你看，眼镜蛇多可怕！

眼镜蛇属蛇目眼镜蛇科。全世界共有 20 多种，大部分温暖地区都有它们的身影。我国眼镜蛇有两个亚种：舟山亚种和孟加拉亚种。前者产于广东、广西、福建、台湾、浙江等地，而后者产于云南、四川等地。头部呈椭圆形，上颌骨较短。前端有沟牙，沟牙后往往有一枚至数枚细牙。头背具有对称大鳞，无颊鳞。瞳孔圆形。尾呈圆柱状。体色多种多样，从黑色或深棕色到浅黄色。体形不大，一般为 1~2.5 米，但也有例外。如近年来在福建省云霄县东厦镇佳洲村的一座古墓里捕捉

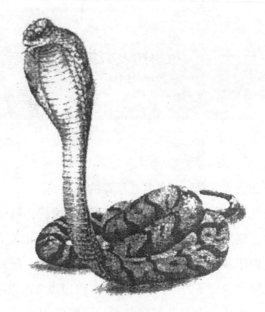

眼镜蛇

到两条罕见的特大的眼镜蛇，长约 4.1 米，重 19 千克。两条
蛇逞威时，身子跃起 2 米多高，头大如斗笠，口喷毒液，声如
公鸭嘶叫。穴中还捕捉到 27 条蛇子蛇孙，其中最大的有 5 千
克，最小的也有一千克。眼镜蛇的寿命一般为 17 年，能活到
25 岁的就已经很少了。据专家推断，这两条大蛇都在百年以
上，恐怕是世上年龄最长的蛇王了。

眼镜蛇生活在丘陵和平原地区，常常栖息于灌木丛、坟
地、水边或岩洞、石缝中。它们主要是在白天活动。夏季傍晚
也出来觅食，爱吃鱼、蛙、鼠、鸟或鸟蛋。眼镜蛇捕食时很狡
猾，它躲在草丛中，只露出尾巴，轻轻地摇动，使得老鼠或小

鸟以为是蚯蚓在爬动，兴奋地前来捕食时，眼镜蛇便阴险地冲出来袭击，老鼠或小鸟转眼便成了它的腹中食。眼镜蛇不怕热，在 35～38℃ 炎热环境中，照样不避阳光四处活动。它怕冷，冬季集群冬眠。在低于 9℃ 的气温中容易冻死。眼镜蛇是卵生的，每年 6～8 月产卵，每次产 10～18 枚，50 天左右便孵出小蛇，母蛇对卵和小蛇很爱护，在旁边守护着，不许人或别的动物接近。幼蛇 3 年后性成熟。

眼镜蛇是剧毒蛇。据 1988 年《国际野生动物》杂志统计，世界上最毒的动物有 10 种，眼镜蛇排在第 8 位。眼镜蛇的颊旁有毒囊，是在进化过程中由唾液腺演变成的。毒囊与毒牙相连，两颗外弯的毒牙长在口腔前方，有 7 毫米长，毒牙是空心的。一旦咬住人和动物，毒液便顺着牙齿进入被咬者的身体中。眼镜蛇毒液毒性很大，1 克干燥的眼镜蛇毒可以使 25 万只小白鼠致死。这种毒素破坏被咬者的神经系统，使全身的神经系统瘫痪。人一旦被咬，如果不及时治疗或治疗不当，几个小时便可死亡。眼镜蛇记忆力很好，有时会伺机报复。印度某村庄里的一个小孩玩耍时，无意中将一根棍子砸在一条眼镜蛇身上，几天后，这条蛇便向小孩进攻。印度胡布利一位女医生，在凉台附近发现一条眼镜蛇，就用手杖重重地打了它一下，当天夜里，医生出诊回来，这条蛇便在路口等她，伺机报复，幸亏人们帮助，才把它打死。

眼镜蛇对人类是有很大危害的。每年被它咬死的人不少。然而，眼镜蛇对人类也有有利的一面。首先，它的肉十分鲜美，在广东吃蛇肉已有两千多年的历史，现在已渐渐扩大到全国。其次，眼镜蛇可以入药，有名的三蛇酒、五蛇酒就是用三种或五种毒蛇浸制而成的，眼镜蛇是其中不可缺少的一种。这种酒不仅可以治疗风湿性关节炎、神经痛，还可以提高免疫力，增强体质。眼镜蛇的胆是治疗咳嗽多痰、风湿性关节炎、赤眼目糊、小儿惊风等的良药。眼镜蛇的油是治疗各种肿痛、关节炎、肌肉僵硬等疾病的首选药物。眼镜蛇的皮不仅可以治疗中耳炎，还可以制作皮带、皮鞋、钱包等日用品，雅丽别致，经久耐用。另外，眼镜蛇的蛇蜕、蛇血、蛇肝、蛇睾丸也都可以入药，治疗多种疾病。从眼镜蛇毒中可以分离出神经毒成分，制成"克痛宁"，止痛效果远远超过吗啡，既不会成瘾，也不会产生抗药性。故眼镜蛇毒比黄金价高出10多倍。说眼镜蛇是个宝，一点也不夸张。眼镜蛇和其他蛇一样，是老鼠的天敌，也是我们人类灭鼠的帮手。在印度，眼镜蛇早、晚都会偷偷进入屋里去捕食老鼠。

眼镜蛇是可怕的毒蛇，也是人类离不开的宝贝，功过是非谁与评说？

四十二、用颊窝来导航的响尾蛇

在南北美洲的深山荒草中，常常会听到"嘎啦嘎啦"的响声，很像小溪的流水声，清脆而动听。没有经验的人，往往会上当。其实，这种声音是响尾蛇发出来的。当响尾蛇遇到敌害时便会剧烈地摇动尾巴，在静寂的环境中突然发出这样的声音，目的是用来吓退敌害的。

响尾蛇是生活在南北美洲大陆的一种剧毒蛇，属于脊椎动物爬行纲蛇目蝰蛇科。它身长1米左右，大的也可以达2米。皮肤大多数为灰色或淡褐色，接近沙土泥石的颜色，上面有规则地排列着黑褐色的菱形斑点。响尾蛇和其他蛇一样，每隔2个月左右，就要蜕一次皮。蜕一次皮就长大一点，每次蜕皮后，便在响尾蛇的尾部遗留下一个"角质环"，这些角质环便构成一个空腔，空腔内又有角质膜隔成的两个环状空泡，仿佛是两个空气振荡器。当响尾蛇剧烈地摇动尾巴（每秒钟可摆动40～60次）时，在空泡内形成一股气流，随着气流一进一出地来来回回振动，空泡就发出一阵阵嘎啦嘎啦的声音。响尾蛇发出的声音很响，响的时间也长，在30米以外的敌害都能听到。响尾蛇吃饱静卧时，便把身体盘绕起来，但总要把尾巴高高扬起，露在外面，以便遇到突然情况，迅速发出"嘎啦嘎啦"的警告声。

响尾蛇是卵胎生，每次生10多条。响尾蛇有特殊的生育能力：雌响尾蛇能把雄性的精液，在体内储藏达5年之久，再生育；雌性响尾蛇也可以不交配生育，所谓"处女育"。为什么这样，原因还有待科学家进一步探索。

响尾蛇是剧毒蛇，它的毒素具有破坏血液组织的功能，会大量侵蚀血液中的血小板，导致血液无法凝固，因而严重内出血；此外，毒素还能产生一种酶，使人的肌肉迅速腐烂，并能破坏人的神经纤维。所以，如果抢救不及时，死亡率就会很高。

响尾蛇的热线传感器

响尾蛇用红外线捕捉老鼠

　　响尾蛇有对圆溜溜、亮晶晶的眼睛，看上去很有神。其实，虚有其名，响尾蛇的视力很不好，它和眼镜蛇一样，都是高度的"近视眼"。但响尾蛇在漆黑的夜晚，却异常灵活，能及时发现几十米以外的田鼠、小鸟等猎物，并且能迅速地把它们捕获。响尾蛇为什么会有如此奇特的本领？科学家反复对响尾蛇进行一次次的观察、研究才弄清楚，原来在响尾蛇眼与鼻孔之间的颊窝处长着一个"红外线温度感受器"。它非常灵敏，能够感知外界物体表面温度约0.003度的微妙的变化，而且还能测出发出热量的温血动物的准确位置，反应时间也快，不超过十分之一秒。物理学告诉我们，任何物体，只要它没有冷到绝对零度（-273℃），总会辐射出一种人眼看不见的红外线来。响尾蛇不是用眼睛看，而是用颊窝来观察、导航的。颊窝呈浅漏斗形，深约5毫米，外口斜向前方。颊窝由薄膜分成内外两个室，内室有细管反方向通向体外，里面的温度与周围环境一样；外室是热收集器，以较大的口对准需要探测的方向，膜上分布着神经末梢，可以感受红外线的辐射，使膜神经进入兴奋状态，然后决定逃跑还是向对方发动攻击。

　　响尾蛇这种特殊的红外线温度感受器，带给科学家很大的启示，他们根据这种原理，模拟响尾蛇颊窝中的神经末梢，制造了红外线自动跟踪装置，给导弹导航，这种导弹可以跟踪飞机、舰艇、坦克等军事装备辐射出来的红外线，它能跟着追踪物随意转变，直至击中目标。这种导弹就叫"响尾蛇导弹"。不过，要对付这种导弹也不是没有办法，有一种红外曳光弹就是专门对付它的。红外曳光弹辐射的红外线与喷气式飞机辐射差不多，导弹遇到曳光弹就会受骗上当，丢开飞机去追踪它，结果与它同归于尽，飞机却安然无恙。

四十三、敏感灵巧的蟒蛇

　　蟒蛇是我国最大的蛇，在全世界的排名也在前列。它一般长 6~7 米，重可达 50~60 千克。最大的蟒蛇身长可超过 10 米，直径近一米，体重可达 230 千克。据说，1948 年在巴西发现一条巨蟒，长约 40 米，直径近 2 米，重达 5 吨，真可谓"蟒蛇之王"了。

　　蟒蛇属脊索动物爬行纲蛇目蟒蛇科。蟒蛇生活在热带、亚热带的森林里，我国广东、广西、福建、云南、贵州、四川等地的深山密林中，常有它们的踪影。全世界共有 70 多种。蟒蛇背面呈浅黄色、灰褐色或棕色，中央有一列棕红色、镶有黑边、近似多边形的大斑块。头侧有一纵纹穿过眼斜向口角，眼下有一条黑纹向后斜向唇缘，蟒蛇腹面浅黄色，两侧有深色斑点，通身被覆着小鳞片。蟒蛇是较原始的低等的蛇类，在泄殖肛孔两侧有一对呈爪状的后肢残余，说明它的祖先是有脚的，后来逐渐退化了。别看蟒蛇身体笨重，但是游动、爬树是异常迅速。它常常喜欢盘绕在枝叶茂密的树干上，身上斑纹与树叶的影子很相类似，不容易被察觉。每当捕食的对象——小型的哺乳动物、鸟或虫类从它身边经过时，它会突然出击，先将猎物杀死，然后慢慢地享用。它饱食后可以数月不吃。

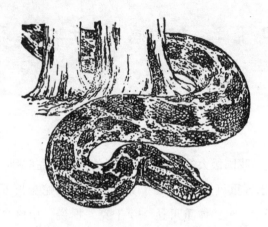

蟒 蛇

蟒蛇和其他蛇一样，可以吞食比自己还粗大的食物。曾有人在海南捕捉到一条大蟒蛇，发现它吞食整头小羊、小牛。蟒蛇为什么有如此大的能耐？这与蟒蛇的特殊结构有关。首先，蟒蛇张开的口大小可以调节，人的嘴巴最大张到 30 度，蟒蛇可以张到 180 度，甚至还可以更大一点。如生活中烧火用的夹钳，我们无法把它的"嘴巴"张到上下两片都在同一条直线上，即无法将夹角拉成 180 度，若将夹钳折成独立的两片，两片之间绕几根橡皮筋，就可以把它的夹角拉成 180 度，蟒蛇的嘴巴和这种情况相类似。蛇头颅下方的方骨与下颌骨游离，可以活动，不像其他动物那样与头部固定不动，而且左右的下巴颏之间的骨头，连接成活的榫头，左右以韧带相连，可以向两侧张开。正因为这样，蟒蛇的嘴巴不但上下张得很开，而且左右也不受限制。在蟒蛇张口吞食时，咽部便形成一个巨大的空腔，特大的食物便顺利地咽入。其次，蟒蛇的胸部没有胸骨，胸腔的容积也就没有限制，当吞食特大的食物时，蟒蛇的胃肠也会扩大，创造条件，让食物通过消化道。最后，蟒蛇的肺部后端长有充满空气的气囊，当特大食物进入口腔，有时会阻止气体进入肺部造成短时间的缺氧，气囊便放出空气，进行辅助呼吸。

蟒蛇头部有一对很大的眼睛，晚上很像两盏灯笼，发出绿幽幽的光咄咄逼人，样子怪吓人的。其实它的眼睛仅是摆设，它视力不好，是严重的近视眼。蟒蛇是靠唇部的热敏感受器和口腔基部的微振动感受器来准确地捕捉猎物信息的。前者通过猎物辐射的红外光线来察觉恒温动物的方位，而后者通过感觉空气中的微小振动来发现猎物。两个感受器似乎是其他动物灵敏的一对眼睛。凡是靠近蟒蛇的猎物，几乎无一幸免地成为它的腹中之食。蟒蛇看起来是庞然大物，令人恐惧，但它也有畏惧之物，它很惧怕葛藤和草苫等植物，如果遇到蟒蛇，只要把葛藤投去，它就会立即静止不动，很容易用葛藤把它捆住。蟒蛇还怕汗臭，遇到蟒蛇时将汗臭的内衣投去，也能使蟒蛇伏地就擒。

蟒蛇捕食时虽然很凶残，然而它无毒，经过驯养还很温顺，而且还仗义。它能根据气味来准确无误地识别自己的主人。对主人很忠诚，可以用来看守家园，照顾小孩。澳大利亚悉尼人帕蒂小姐，养一条12尺的大蟒蛇"比比"，有一个歹徒悄悄地进入她房间想非礼她，比比一下蹿出，缠住歹徒，一直到警察到来。在巴西的热带森林里，毒蛇特别多，毒蛇非常怕蟒蛇，一旦遇到蟒蛇就远远地躲开了。巴西人利用这一点驯养蟒蛇来照顾小孩。当小孩在外面玩耍时，蟒蛇总是寸步不离地陪伴他们，不让毒蛇和野兽来伤害他们。这种蟒蛇还能为主人巡视住宅的四周，不让毒蛇进家门。

蟒蛇善于攀缘，能长期生活在水中。喜热怕冷，25℃活动状态一般，30℃以上很活跃。20℃时就不大活动了，15℃时便开始呈麻木状态。温度再低下去就容易冻死。蟒蛇交配季节一般在 3~8 月，雌蟒蛇从皮肤和尾基部的腺体分泌出一种特殊的气味，来引诱雄蟒蛇，雄蟒蛇追踪气味找到雌蟒蛇，交配过程长达 3 小时。雌蟒蛇开始受精，受精到产卵需要 121~140 天，其间雌蟒蛇不进食。一次可产卵 10~100 枚。卵径 60 毫米 × 40 毫米，似鸭蛋那样大。孵化 55~61 天即破壳。雌蟒蛇有蜷伏在卵堆上孵卵的习性。幼蟒蛇经过 2~3 年生长，才性成熟。

大蟒蛇捕食

蟒蛇的卵、肉十分鲜美，营养价值很高，可食用，皮可做琴膜或蒙鼓，也可以制革，加工成提包等物。蟒蛇也很有药用价值，《本草纲目》记载蟒蛇"主心匿痛，下腹匿疮，目肿痛"。正因为这样，蟒蛇被大量捕杀，现在的数量越来越少，我国已将蟒蛇列为一级保护动物，给予保护。

四十四、和琴放歌的夜莺

　　这是20世纪20年代的事。英国大提琴手比阿特里斯·哈里森小姐，一次春夜在萨利树林里拉起她喜爱的曲子《印度客人之歌》，拉着拉着，意想不到的奇迹出现了：宁静的树林里突然传来一声声清脆悦耳的鸟鸣声，应和着大提琴的乐曲唱了起来，歌喉婉转优美。哈里森小姐情不自禁地又拉起大提琴，那只鸟又跟着唱出了三度和音。从此，哈里森小姐天天去树林为鸟伴奏，一直到6月的来临。第二年春天，哈里森小姐又到萨利树林里拉琴，想不到那只鸟也故地重游，又和着琴声唱起了迷人的歌，哈里森小姐欣喜若狂。她为了让更多的人欣赏鸟的歌喉，于1924年5月19日邀请英国朋友隐蔽在树丛中秘密录制了人鸟二重唱。在广播公司播放，让约100万人欣赏这段迷人的音乐。后来又灌制了唱片，销售非常火爆，销售量高达上万张。

　　和琴放歌的鸟就是鸟群中著名的"歌唱家"夜莺。夜莺为什么能唱出如此迷人的歌？夜莺的嘴较宽阔，在它的气管和支气管交界处，有一个发声器，叫鸣管，鸣管上达咽喉，下面是左右两个支气管，分别通向左右肺部，从鸣管管壁伸展出富有弹性的皮肤褶，称为鸣膜。当比较强的气流从肺部呼出时，引起鸣膜的振动，于是发出声音。在鸣管处还有 5~6 对鸣肌，调节鸣膜的松紧度，因而发出变化多端、优美动听的鸣声。

夜莺属脊索动物门鸟纲孔雀目鹟科。这种鸟体态玲珑，体长 16~17 厘米，体重 160~190 克。鸣声清脆悠远，婉转动听，而且多在月夜鸣叫，给朦胧的月色平添了不少神秘的色彩。故称它们为夜莺。夜莺一般分布在欧洲中部和南部、地中海沿岸和亚洲东部和南部，我国西藏、东北、华北、华南广大地区皆有它们的身影。夜莺白天常栖息在山林或山洞灌木丛中的低枝间，而且喜欢贴伏在山坡草地或粗大的树枝上，也有人因此称它们为"贴树皮"。夜莺晚上十分活跃，尤其是黄昏和黎明时分，这两段时间也是蚊子最猖獗的时刻，夜莺主要是出来捕食蚊子和飞蛾的。它们是蚊子的天敌，一天一夜能吃掉数百只蚊子。夜莺是人类的好朋友，也爱吃农作物的其他害虫。

夜莺

　　夜莺是有名的夜行性鸟。它的眼睛特别大，视觉敏锐，能在极微弱的光线下捕食蚊子。夜莺的羽毛轻盈柔软，能做快速的回旋、滑翔，在黑夜中飞行没有一点声息。但到了冬天，气候变冷，蚊子销声匿迹，昆虫也不见行踪，夜莺的食物严重短缺，它只得躲进树洞中"冬眠"了。不仅是避寒，更重要的是用沉睡来减少体能的消耗。夜莺的冬眠时间较长，从初冬蚊子日渐稀少开始，一直要睡到翌年暮春蚊子大量繁殖时才苏醒过来。

　　夜莺的繁殖期在 5～7 月，每巢生 4～5 枚卵。一般由雌雄鸟轮流孵化，孵化期一般为 14～15 天。新出壳的幼鸟全身赤裸，肉乎乎的，不见一根羽毛，它属晚成鸟。要经过一段时间的喂哺后才长出羽毛，成为一只会飞的小鸟。夜莺的最长寿命为 8 年。

　　夜莺是一种讨人喜欢的鸟，自古以来诗人、文学家的笔端常常对它流露出溢美之情，留下了不少优美的诗篇。丹麦著名作家安徒生写过一篇以中国为背景的童话，题目就叫《夜莺》。当代著名作家张炜有一本中短中篇小说集也叫《夜莺》。

四十五、采蜜传粉的蜂鸟

　　你去过美洲的特立尼达和多巴哥共和国吗？那里的人极喜欢一种叫作蜂鸟的小鸟。在许多物品上，如邮票、工艺品、书刊或轮船码头、港口等公共场所都印（或画）有蜂鸟的图案。他们把蜂鸟定为国鸟，让全国人民都来爱护它。蜂鸟象征当地人民勤劳、勇敢、善良的美德。

　　蜂鸟是脊索动物鸟纲雨燕目蜂鸟科的一类鸟。已有3000多万年的历史。全世界共有104属约300多种。分布在拉丁美洲，北至北美洲南部，并沿着太平洋东岸一直到阿拉加斯。这种鸟体形很小，是世界上最小的一类鸟，最大的不过20多厘米长，最小的如闪绿蜂鸟，双翅展开才3.5厘米，体重1.5克，和蜜蜂差不多大。蜂鸟全身羽毛非常鲜艳，一般为蓝色或绿色，也有黑色、黄色等十多种颜色，并且伴有金属光泽，很可爱。蜂鸟没有发达的嗅觉系统，主要靠视觉，蜂鸟对325～360纳米的紫外光特别敏感。它的嘴细长而直，有的向下弯曲，个别的种类也有向上弯曲的。翅膀狭长如桨，尾尖呈叉形，有的形如球拍。它的脚短，脚趾细小而弱。别看蜂鸟娇小而柔弱，它的飞行本领却是独一无二的，是别的鸟无与伦比的。

蜂鸟的翅膀每秒钟要扑打至少50~70次，多的可达90次，它飞行的速度极快，每小时可达90公里，我们往往只能听到它飞行时发出的声音，看不到它的身影。蜂鸟飞行的高度可达5000米。蜂鸟能灵活地控制翅膀飞行的角度、振幅和频率，能自如地笔直地向上、向下、向左、向右飞行，还能倒退着飞，有时还能如直升飞机一样悬空停留在空中，在鸟类的大家庭中，它是一位"特技飞行家"。它长距离飞行，一次可达800千米。有一种叫作红胸蜂鸟，每年要两次飞渡宽为800多千米的墨西哥海湾。它飞行时发出和蜜蜂一样的嗡嗡声，所以称为蜂鸟。

蜂鸟正在花丛中采集花蜜

蜂鸟的新陈代谢十分旺盛，它的心脏每分钟跳动615次，正常的体温是43℃。它的食量很大，一天进食往往要超过身体重量的2倍。蜂鸟主要吃花蜜和小昆虫。它的嘴细长如管，舌头也很特别，纵裂为两半，卷成一个近于完整的小管，并且能自如地伸缩。蜂鸟采集花蜜的本领极为高强：它悬停在空中，先用长喙把花蕊分开，然后把舌头伸进去，吸吮甜滋滋的花蜜。它采蜜的时候，头上无意中粘有许多花粉，因此它还能和蜜蜂一样给植物传播花粉。

蜂鸟的羽毛具有反光作用，当它迎着阳光飞，快速地振翅能反射出不同的色调，简直是绚丽多彩，给蜂鸟增添了不少迷人的色彩。所以人们把它比成金刚石，称为"飞行的金刚石"。蜂鸟虽然弱小，但是非常勇敢，不畏强暴，它敢于与大鸟搏斗。它能巧妙地避开大鸟锋利的爪子，环绕大鸟的头部急速地飞行，趁机用钢针一样的尖嘴猛啄大鸟的双眼，迫使大鸟败阵而逃。

蜂鸟用丝状物把鸟窝做得十分精巧，窝建筑在稠密的枝叶间，造型别致，很像是悬挂在树枝上的一只精巧的小酒杯。雄蜂鸟向蜂雌鸟求爱，往往是向雌蜂鸟表演飞行技能，从而获得雌蜂鸟的好感。但筑窝、孵卵、育雏等重担全由雌蜂鸟承担，雄蜂鸟似甩手掌柜一般，只管交配，别的事一概不闻不问。雌蜂鸟每次产 1～2 枚蛋，蛋很小，只有豆粒般大小，重量仅 0.5 克，大约 200 只蜂鸟蛋才有一个普通鸭蛋那么大。卵孵化期一般为 14～19 天，小蜂鸟出壳后 20 天就能飞出鸟窝觅食，开始独立的野外生活。

风力发电机的扇叶太大，50 多米，要占很大面积。科学家们从蜂鸟翅膀的扑动中受到启发，发明鸟翼风力发电机，两翼的长度只有 1.6 米，扫动的范围只有 3.56 米，这很好地克服了风力发电机庞大的毛病。

由此可见，蜂鸟是十分可爱有趣的鸟，也是值得敬佩的鸟。

四十六、没有翅膀的几维鸟

　　一提起鸟，人们眼前都会出现在蓝天白云的背景下展翅翱翔的壮美情景。有谁知道，天底下竟有既无翅膀也不会滑翔飞行的鸟吗？这种奇特的鸟便是新西兰的几维鸟。几维鸟在新西兰享有很高的荣誉，被新西兰政府定为国鸟，视为新西兰民族的象征。在报刊上常常看到有人用"几维人"来代替新西兰人。在邮票、明信片、硬币以及各种商品的商标上都印有几维鸟的形象。几维鸟在新西兰人民心目中的地位，如同我们中国人心目中的大熊猫和澳大利亚人民心目中的大袋鼠。

　　几维鸟属鸟纲几维目。因叫声"几维"而得名，又名鹬鸵，是鹬鸟类中最原始的鸟。全世界几维鸟一共有三种：褐几维鸟、大斑几维鸟和小斑几维鸟。它们全在新西兰，也是新西兰特有的物种。它的身体形状像梨子，浑身长满蓬松细密的羽毛。从外表看，既无翅膀，也无尾羽。它的翅膀退化了，尾巴也仅剩下小小的尾耻骨。全身的羽毛大多暗褐色，腹侧略呈淡黄色，并有黑褐色的条纹。嘴又尖又长，可长达15厘头，略微朝下弯曲。在休息时，长嘴巴用来当作第三条腿，支撑身体，保持平衡，状态很像一个三角架。它的鼻孔开口在嘴的最尖端，嗅觉十分灵敏，可以找到距地面 7 英寸土层下的小虫。它嘴的基部生有很硬的钢毛，这些钢毛也是定向和寻找食物的工具。几维鸟的个子不大，如鸡那般大。一般是雌鸟个儿大，雄鸟个儿小。体长约 45 厘米，体重 2～3 千克。几维鸟虽不会飞，但善走。它的脚粗短有力，擅长奔跑，时速可达 10 英里。发起脾气来，还能将另一只几维鸟踢出 5 英尺外。它的眼睛较小，视觉不大灵敏，有时大白天奔走竟会撞到前方挡道的篱笆上。

几维鸟

几维鸟喜爱生活在温带的森林和茂密的灌木丛中。它白天休息，夜间出来活动和觅食，爱吃昆虫、蚯蚓、蠕虫或树上掉落下来的果浆。它不用眼睛，而是凭借嗅觉来寻食的。几维鸟常在树根、山坡、草丛或岩石洞等地方，用落叶和松软的土壤筑巢，繁殖后代。雌鸟在冬末产蛋，一般 1～2 年内产一次蛋，每次产 1~2 枚蛋。几维鸟蛋和鸵鸟蛋差不多大，要比鸡蛋大5 倍，蛋长 12~14 厘米，重 450 克，相当于几维鸟体重的 1/3或 1/4。如果从鸟的体重与蛋重的比例来看，几维鸟蛋恐怕是世界上所有鸟类中最大的蛋了。雌鸟产过蛋后就什么都不管了，把孵蛋、培育幼鸟的任务一股脑儿地推给了雄鸟。雄鸟孵蛋 57~80 天，幼鸟才出壳。出壳后 5 天内幼鸟不取食，继续靠剩余的蛋黄生活。5 天后由雄鸟带着幼鸟寻找食物，一直到能独立生活为止。经过 5~6 年的生长，幼鸟的性才成熟。

几维鸟是经济类鸟，肉质鲜嫩味美，营养十分丰富，是上等的佳肴。它的羽毛柔软而美丽，可以编织衣服。它的腿骨粗韧，是制作烟管的上好材料。在欧洲移民没有去新西兰以前，几维鸟在新西兰成群结队，比比皆是，相当活跃。后来，由于过度捕杀，数量急剧减少，现在野生的几维鸟已经很稀少了，因此显得十分珍贵，已被国际自然及自然资源保护联盟列为濒危物种，属于一级保护动物。新西兰政府采取多种措施来保护几维鸟。

为什么新西兰会成为几维鸟的唯一栖息地？这一点要从地理学的角度来解释。新西兰很早以前是澳洲大陆的一部分，当哺乳动物还没有进入新西兰，蛇尚未诞生之前，新西兰就从澳洲大陆分离开来。因此，在新西兰土生土长的动物中没有走兽，也没有蛇类，几维鸟在新西兰无忧无虑地生活着，几乎不存在天敌的追逐与迫害，几维鸟根本就不用飞翔，长久这样生活，经过几千万年的演变，几维鸟便失去了飞翔的能力，也正是这样的原因，新西兰成了几维鸟的唯一的故乡。

四十七、英勇善斗的褐马鸡

　　常听说我国以一种花或一种树，作为一个市或一个地区的形象标志，称为市花或市树。可曾听说过以一种鸟作为一个地区的形象标志吗？我国特产褐马鸡就获得此殊荣。它被山西省命名为"省鸟"，同时褐马鸡还是我国鸟类学会会徽中的标志物。仅从这两项殊荣就可以知道褐马鸡是多么令人喜爱了。

　　褐马鸡是脊索动物门鸟纲鸡形目雉科中的一种鸟。它长得很俊俏，是著名的观赏鸟。全身大部分披着闪光的深褐色的羽衣，头顶长着黑色的绒毛，耳羽为纯白色的羽毛，两边向上翘，好像一对耳朵，尾羽的末端转为黑色，并泛出紫蓝色的光泽。褐马鸡腿、脚和面孔都是鲜红色，甚至眼睛周围也有一道红色的边。深褐色、黑色、银白色、红色很协调地搭配在一起，能不好看吗？但最好看的还是它的尾羽，共有20根羽毛，中间两对特别长，高翘于其他尾羽之上，而后披散垂下，活像马尾，再加上它昂首翘尾地站着，威风凛凛，活像一匹骏马。这便是它称为褐马鸡的由来。

褐马鸡

　　褐马鸡全身长 1 米左右，身高约 60 厘米，体重为 1.5 ~ 2.5 公斤。称不上大鸟，也不能算猛禽。它们大都栖身于山西、陕西黄龙山、河北北部海拔 1000 ~ 2000 多米的高山密林中。那里有成片的落叶松、云杉、橡树和杨树，树下是成片的荆棘灌木丛。冬季，褐马鸡多在 1000 ~ 1500 米高山地带活动，夏秋两季多在 1500 ~ 2000 米的山谷和有清泉的山坳活动。它们白天觅食，晚上栖宿在大树枝杈上。褐马鸡翅膀短小，飞行能力不强，在情况紧急时，才飞 1 ~ 3 千米，但它善走，速度也极快，受惊时往山上狂奔，到了岭脊振翅飞起，滑翔至山谷，然后钻入灌木丛中，逃之夭夭。褐马鸡爱群居，一般一二十只到四五十只聚集一起，过着集体生活。成群觅食时，总要派出哨兵站在高处放哨，如果发现豺狼、狐狸等猛兽来偷袭时，它发出警叫声，通知大家及时转移。褐马鸡叫声洪亮，昂首引颈，嘴几乎直向上方，尾巴也往上翘，似大公鸡一样。褐马鸡用嘴挖土觅食，以块茎、细根和松籽、橡实、昆虫为食，有时也到农田吃莜麦、豌豆。

褐马鸡性格温顺，然而面对敌害却英勇善战，展开翅膀，伸出嘴巴，奋不顾身，进行你死我活的搏斗，颇有点"拼命三郎"的劲头。狐狸和鹰遇到这种情形，往往只能认输，溜之大吉。对于褐马鸡这种顽强拼搏的特性，我国古代典籍早有记载，如《列子·黄帝》中说："黄帝与炎帝战于阪泉之野……以雕、鹖、鹰、鸢为旗帜。"其中，"鹖"就是褐马鸡，把它与三种猛禽并列在一起，可见古人对褐马鸡的战斗精神是非常赏识的。《本草纲目》中说："鹖鸡猛气，其斗期于必死，今人以鹖为冠，象此也。"清代文字训诂学家段玉裁在《说文解字注》中也说："鹖者，勇雉也，往赴斗，虽死不置。"古人以褐马鸡的奋斗精神作为效法的榜样。从战国赵武灵王起，历代帝皇都将褐马鸡的尾羽装饰在帽子上，叫作"鹖冠"，把它赏赐给武将，以激励将士像褐马鸡那样与敌人奋勇搏击，"虽死不置"。秦陵铜车马的御官俑，头上戴的就是这种"鹖冠"。从汉武帝到清代朝廷盛行着顶戴花翎，所谓花翎也是用褐马鸡的尾羽制成的。这种鹖冠在我国封建王朝流行了两千多年。

褐马鸡是爱情专一的鸟。夫妻双双共同在灌木丛中地面凹陷处构筑爱巢。呈浅碟状，由枯枝、苔藓、枯草构成。巢里铺上干草、树叶和残羽。每年 3～4 月交配，雄鸟常为争夺配偶而殊死搏斗。5 月间产卵，一窝产 4～12 只卵，最多为 18～19

只。卵色或淡褐色或青绿色或土黄色，孵化期为 26～27 天。夫妻俩轮流孵化。6 月雏鸟出壳。雏鸟长得很快，出壳不久，就会到处乱跑觅食。两三个月，羽毛丰满就长成大鸟了。

褐马鸡因长着美丽的尾羽不断遭到捕杀。近代虽然没有人再做鹖冠了，然而欧洲的贵妇人喜欢用褐马鸡的尾羽装饰房间，也有人用它装饰帽子，褐马鸡的尾羽在国际市场上是抢手货，许多商人为了牟取暴利，偷偷将活的褐马鸡运往欧洲，一对褐马鸡售价高达 1000 美元右右。褐马鸡是我国的特产，生活范围很狭窄，数量本来就不多，由于大量捕杀，数量急剧下降，面临着濒临灭绝的危险。我国对褐马鸡的保护相当重视，把它列为一级保护动物，并在山西的芦芽山、庞泉沟和小五台山设立了自然保护区，严禁捕杀。现在，褐马鸡的数量已在不断增加，它们被捕杀的命运正在改变。

四十八、"森林医生"啄木鸟

天刚刚亮，森林还笼罩在朦胧的夜色中，善鸣的鸟儿、虫儿尚未睡醒，这里那里却传来"笃、笃、笃……"沉闷有力的敲击声，似乎是京剧舞台笃板鼓的的声音，又像是庙里老和尚敲打木鱼的声音。是谁这么早在树上敲打呢？原来，是森林"医生"啄木鸟在叩诊问病了。诚然，啄木鸟是尽心尽职的"森林检查员"和"森林医生"。

啄木鸟属鸟纲䴕形目啄木鸟科的一种鸟。全世界共有217种，我国共有29种。常见的有绿啄木鸟、大班啄木鸟、星头啄木鸟等。分布很广，我国绝大地区森林中都能见到它们的身影。啄木鸟个子不大，体长为90～560毫米，翅膀长约150毫米。啄木鸟的身体结构很特殊，完全符合它"森林医生"的职业。啄木鸟的翅膀短而钝，飞不快也飞不远，只能在空中做波浪式的滑行，因为它只在一片森林中活动，不用飞快，也不用飞远。腿短而有力，脚趾两趾向前，两趾向后，趾端生着弯曲尖锐的爪，可以抓住树枝，便于攀缘。啄木鸟的尾部呈楔形，尾羽大都12枚。羽轴坚硬，富有弹性。啄木鸟攀缘树木时，坚硬的尾巴像个支柱，支撑着身体重量，使身体保持平衡，这样啄木鸟就能在树干上上上下下，左左右右灵巧地快速移动。啄木鸟的嘴巴强劲有力，很像木匠使用的凿子。舌细长而柔软，能伸出口外140毫米，犹如装上弹簧一样，伸缩自如。舌端生有倒钩和黏液，不管树干里的害虫及其幼虫或虫卵

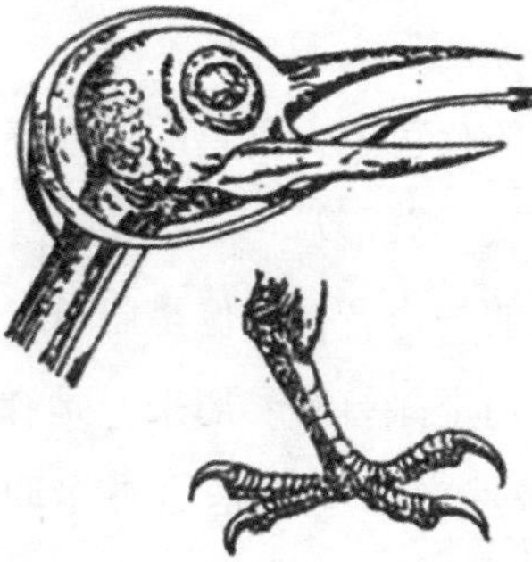

啄木鸟的舌和脚

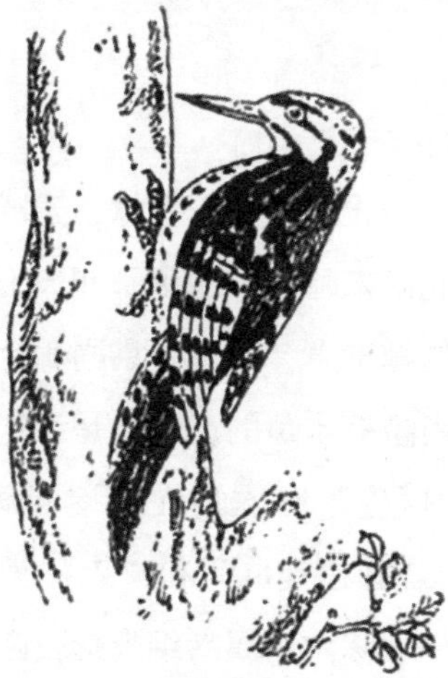

啄木鸟

隐藏得多么深，都逃不脱啄本鸟舌尖的倒钩和黏液。啄木鸟的食量很大，一口气能吞下900条甲虫的幼虫或1000只蚂蚁。它的食类很广泛，一般春夏两季吃昆虫，秋冬两季兼吃植物。树林里毛虫、苦丁虫、蝽虫、甲虫、天牛、飞蛾等害虫都在它捕食之列。在13.3公顷的森林中，若有一对啄木鸟栖息，一个冬天就可啄食90%的害虫。有位鸟类学家在河北调查时，在不同季节解剖22只大斑啄木鸟的胃，分析结果，胃里昆虫占50.17%，主要有象岬、伪步岬、蝗虫、天牛幼虫、金龟岬

等。在昌黎解剖了 14 只啄木鸟的胃，胃里 99.83% 是昆虫。在树林中过冬的害虫 95% 都成了啄木鸟的腹中餐，称它为"森林医生"是名不虚传的。啄木鸟在森林里一天到晚从这棵树敲到那棵树，一边顺着螺旋形的路线攀爬，一边"笃笃"地敲击着，从这些声音里，它能准确地判断害虫潜伏的地方，然后就用坚硬的嘴巴，把树干凿一个小洞，直捣害虫的巢穴，伸出长舌，把害虫一扫而光。啄木鸟的本领很高强，无论多么硬的树干，它都能凿开，这不仅与啄木鸟的嘴巴坚硬锐利有关，还与它啄木的频率有关。据鸟类学家精确地计算，啄木鸟啄木的频率每秒钟高达 15～16 次，头部向前运动的速度几乎是空气中音速的 2 倍，每啄击一次的速度达到每秒 500 多米，头部摇动的速度更快。在这样快的速度中，啄木鸟头部不可避免地要受到剧烈的震动，但它既不会头痛，也不会脑震荡。这与啄木鸟头脑特殊结构分不开。啄木鸟的头骨十分坚固，在大脑的周围有一层海绵状的骨骼，里面充满了气体。颅壳内长着一层坚韧的外脑膜，脑膜与脑髓间存在着相当的空隙，里面含有液体。这特殊结构能有效地起到消震作用。加之头骨外的肌肉也特别发达，也能减少一部分震动。所以，尽管啄木鸟每天快速地啄 1～2 万次，它的大脑一点也不受到损伤。

啄木鸟在树洞中筑巢，每年 4～5 月产卵。卵纯白色，一窝一般为 4～8 枚。雌、雄鸟轮流孵卵，16 天左右，幼鸟出壳。幼雏留在巢里哺育，18～21 天便能出窝觅食。

啄木鸟在树干上啄木捉虫往往全神贯注，无暇顾及周围的危险。那些小山雀便主动充当它的保护神。小山雀专门吃啄木鸟掉下的残羹冷炙，所以它总是寸步不离地跟着啄木鸟，从一棵树飞到另一棵树。一面哼着歌，一面密切地注视着周围，一旦发现老鹰来临，立即停止歌唱，给啄木鸟发出危险的信号，啄木鸟便立刻躲到树干背后，躲避灾难的降临。啄木鸟和山雀构成一种特殊的"共生"关系。

啄木鸟是森林中有名的益鸟，要加强对它的保护。科学家还利用啄木鸟头部特殊结构的原理，制作了安全头盔。这种头盔盔顶又坚又薄，内部填充了坚固轻便的海绵状材料，还装上了一个保护领圈。这种头盔早已广泛使用。此外，一些精密物品的包装运输也常采用一些海绵状的减震填充材料。这种方法也是从啄木鸟那里学来的。

四十九、"捕鼠专家"猫头鹰

　　猫头鹰是老鼠的天敌，专门捕食老鼠。据科学家反复观察、研究，一只成年的猫头鹰一个夏季要捕食 1000 只田鼠。一只田鼠整个夏天要糟蹋一千克粮食。以此推算，一只猫头鹰一年至少为人类从老鼠嘴里夺回了一吨粮食。"一吨"不是小数目，足够五口之家吃一年。猫头鹰可算是功劳卓著了。它的捕鼠本领连最厉害的猫也自愧不如。有人称它为"田园卫士"，是当之无愧的。这样大的功臣，就是因为叫声不雅，不似黄鹂声音那样动听，也不会讨好说"谗言"，多少年来一直被人们误认为是"不祥之鸟"，管它叫"报丧鸟"，说什么"夜猫子进宅，没有好事""它在谁家门前叫，谁家就要死人"，可见人们完全把它当作厄运和死亡的象征。猫头鹰蒙冤数千年，现在到了给它正名平反的时候了。

　　猫头鹰并不是鹰，动物学上叫鸮，俗称"夜猫子"。它是脊索动物门鸮形目中的鸟。除南极洲外所有各大洲都有它的身影。世界上共有 130 余种，我国也有 30 多种，全国各地都有。常见的有红角鸮、雕鸮、长耳鸮和短耳鸮等几种。体形大小不一，最大的雕鸮体长可达 90 厘米，较小的如东方角鸮体长不

猫头鹰

到 20 厘米。欧洲有种叫欧亚鹰的猫头鹰展翅可达 2 米，是世界上最大的猫头鹰。猫头鹰头大脸圆，两只圆溜溜的大眼睛长在头部前方，炯炯有神，眼周围的羽毛呈辐射状，形成脸盘，和猫很相似，所以称它为猫头鹰。全身披着柔软而轻松的羽毛，飞起来几乎没有一点声音。脚上有强健的钩爪，是捕捉老鼠的武器。

猫头鹰白天躲在树叶间睡觉，夜里出来捕食老鼠。它蹲在树上，瞪着洞察幽微的大眼睛，不停地转动脑袋，窥视着地面。它的脑袋能灵活转动 270 度，这是鸟类中独一无二的。它一旦发现田鼠便猛扑下来，田鼠还没有察觉就被猫头鹰抓在利爪中了。猫头鹰把田鼠叼到树上，立即撕开它的脖子，吞下鼠头，掏空五脏，仅仅几分钟就把田鼠吃得干干净净。猫头鹰的眼睛夜间比白天明亮，跟白天飞行的鸟类不一样。高等动物眼睛的视网膜上有两种感光细胞：一种叫圆锥细胞，可以感受强光，是白天看东西用的；另一种叫圆柱细胞，只感受弱光，是黄昏和夜晚看东西用的。人类眼睛视网膜上主要由圆锥细胞所构成，所以夜晚看不清楚东西，很不方便，而猫头鹰的眼睛视网膜上主要由圆柱细胞所构成。正因为这样，猫头鹰擅长夜间活动。猫头鹰的眼睛夜间感光度要比人类的眼睛大百倍。在漆黑的深夜，只要田鼠一出洞，就无法逃脱猫头鹰的视线。当它发现猎物时，便悄无声息地滑行过去，攻击猎物的同时突然发出尖厉刺耳的叫声，似乎是胜利的欢呼声。不过，这声音使人感到阴森恐怖。

猫头鹰的听觉也十分敏锐，它耳郭很发达，耳孔前的皮肤褶膜能加强声波的凝集，耳朵周围长着一圈能随声波产生共振的特殊的羽毛。这些羽毛呈辐射状排列，不仅有助于声波的凝集，还可以增强声音的强度。猫头鹰左右耳不对称，左耳道比右耳道宽阔，左耳有发达的耳鼓。猫头鹰内耳耳蜗相当长，听觉神经数目相当多，是家鸽的 7 倍左右，仅在前庭器中就有16000～22000 个神经元。一个体重 300 克的猫鹰约有 9.5 万听觉神经细胞，而体重 600 克的乌鸦只有 2.7 万个。因此，猫头鹰不仅能够察觉每秒钟振荡 8500 次以上的高频音波，而且能准确地测定声源的位置，而田鼠活动时发出的音波，恰好是在高频范围之内，所以田鼠只要在田野中出现，稍微发出一点声音就很难逃脱猫头鹰的捕杀。

猫头鹰每年1月由北方飞到南方过冬，第二年3～4月又飞回北方繁殖。猫头鹰产蛋的数量受老鼠多少的影响，老鼠多的年份，猫头鹰产蛋多；老鼠少，猫头鹰产蛋也少。这也许就是动物界相生相克的缘故吧。猫头鹰每年回到北方，往往不是忙着定居，而是先调查一番食物是否丰富，若不能如愿，就继续迁移，直到寻到老鼠多，环境很好的地区才定居下来，在树洞里产卵。如短耳鸮在老鼠多，食物丰富的年份每窝可产10多个蛋；如果老鼠不多，每窝只产2～3个蛋，甚至干脆不产蛋。在繁殖期间的猫头鹰，捕鼠量相当惊人，有的猫头鹰为幼鸟准备食物，幼鸟还没有出壳，就已经捕杀了不少老鼠，塞在窝边。有的猫头鹰在饱食以后发现老鼠，仍然猛力追捕，宁可杀死抛弃，也不让老鼠逍遥法外。如果一对猫头鹰平时每天捕食5只老鼠，那么在繁殖期间，连同窝里的幼鸟每天至少吃掉10多只老鼠。

猫头鹰也可入药，可治疗哮喘、眼疾、眩晕、癫痫、瘰疬、疟疾等疾病。

猫头鹰是益鸟，是人类的好朋友，是我国二级保护动物。我们应该好好地保护它们。

五十、疾步如飞的鸵鸟

　　全世界鸟类品种繁多，据科学家估计有 8400 余种。在这许多鸟类中，最大的要数鸵鸟了。它身体长约 2 米，身高可达 2.75 米，体重一般可达 160 千克左右，跟一头牛、一匹马的重量不相上下。

美洲鸵鸟

非洲鸵鸟

　　鸵鸟属脊索动物门鸵鸟目鸵鸟科。鸵鸟分布在非洲东部大沙漠和热带草原。鸵鸟的样子非常奇怪，头很小，脖子细长，像蛇一样。头上长着一张三角形的扁嘴，由数片角质鞘所组成，较大。一双跟青蛙那样的褐色大眼睛，炯炯有神，视力极佳，可看清 3～5 千米远的东西。身体粗短，两侧长着一对已经退化了的翅膀，胸部的龙骨也不发达，因此鸵鸟空有一对翅膀却不能腾空飞翔。鸵鸟的一双脚非常发达，威武有力，只有两个脚趾，是世界上现存鸟类中唯一的二趾鸟类。外脚趾较小，内脚趾特别发达，而且它脚板底有很厚的胼胝，适宜于在沙漠里行走。雌鸟全身羽毛呈灰褐色，远不如雄鸟漂亮；雄鸟一身羽毛墨黑，有光泽，但翅膀和尾巴有白色羽毛。鸵鸟头部羽毛稀疏，颈部大都光秃秃的，相貌实在不雅。

鸵鸟身体高大，一副呆相，其实一点也不呆，它很懂得保护自己。在空气温度偏高缺水的环境中，它干脆将长脖子平贴于地面，身体蜷曲成一团，以自己暗褐色的羽毛伪装成岩石或藏身在灌木丛里躲避敌害。它们在草丛中集体觅食时，常常是"交叉进食"，一部分鸵鸟埋头进食，一部分鸵鸟昂首挺胸地观察四周，警惕着随时可偷袭的敌害。鸵鸟十分适宜于草原、荒漠的生活环境。鸵鸟善于疾走，一旦发现危险，迈开大步飞速前进，一步跨出 4 米，奔跑时可跨出 8 米，在一刻钟内，可以毫不费力地将时速提高到 50 千米，最快的时速可达 70 千米。这样的速度不仅让羚羊和斑马甘拜下风，连许多训练有素的赛马也望尘莫及。遇到顺风天气，展开翅膀像船扬起"风帆"，那速度就更快了。鸵鸟喜欢成群结队地生活，常常二三十只在一起，有时还爱和小羚羊、斑马一同生活。鸵鸟有异常的耐热性，即使气温高达

56℃，它仍然能在阳光下寻觅食物。在缺水的荒漠中，鸵鸟为了找到水，长距离地奔走，常常要奔跑几天。实在找不到水，它可以一连数天不吃不喝。这是鸵鸟在恶劣的自然条件下磨炼出来的一种特性。

鸵鸟的力气很大，它的武器便是两条长腿，用力一踢，可以踢倒一只狼或一只猎狗。它爱吃草叶、果浆、种子、昆虫，有时也吃一点软体动物和小型的爬行动物，同时吃一点沙粒，以助胃里的消化。

鸵鸟是一夫多妻制，一只雄鸟往往和 6~7 只雌鸟同居。在鸟类王国中，雄鸵鸟可称得上十分称职的"爸爸"。繁殖时，一般是雄鸟用脚在沙漠上掘一个坑，周围用石块围上，做成窝。让雌鸟把蛋产在里面，每天每次只产一个蛋，每窝产 10~15 蛋。鸵鸟蛋也是鸟蛋中最大的，每个蛋直径长 15~20 厘米，重达 1~1.8 千克。蛋壳很坚硬，即使一个成年人站在上面，也不会踏破。孵卵主要由雄鸟来承担，雌鸟在白天也孵，但时间不长。有时，鸵鸟把蛋放在太阳底下晒，当太阳光强烈时，便用沙子盖上或展翅遮挡阳光，以免晒坏。孵化期 40~42 天。雏鸟出壳便能独立行走，独立啄食。鸵鸟性情温和，容易驯养。有些非洲人驯养鸵鸟，用它来看门、运输甚至放牧。南非有一个叫福尔博格的牧场，有一只牧羊的鸵鸟，它是"放牧能手"。每天早晨将羊群赶到草场，晚上把羊赶回羊圈，很尽职。如果羊不听话，鸵鸟就用翅膀扇它。鸵鸟还用有力的双脚，对付窃贼，一个小偷潜入牧场，一瞬间便将他的肋骨踢断，险些要了他的性命。鸵鸟的寿命一般为 60 年。

鸵鸟的羽毛都是绒羽，质地细致，保暖性好，可作为高贵的服饰的材料。鸵鸟的皮可制作极佳的皮革，轻柔，美观，拉力强，不易老化。

五十一、风度翩翩的白鹳

　　宋代大文豪苏轼在《石钟山记》这篇散文中这样描绘鹳（guàn）的叫声："又有若老人咳且笑于山谷中者，或曰此鹳鹤也。"白鹳便是鹳鹤中的一种。"咳且笑"的声音在苏轼的笔下显得阴森恐怖，仿佛鹳是不祥之物。其实不然，白鹳风度翩翩，着实令人喜爱。

　　白鹳是脊索动物门鸟纲鹳形目鹳科的一种鸟，又名老鹳，更是德国的"国鸟"。白鹳分布在欧洲、中亚、西亚、中国直至日本、朝鲜等地。有三个亚种。我国新疆维吾尔自治区、东北各省皆有这种鸟在活动。现在这种鸟越来越稀有，全世界一共只有 3000 只左右，已被国际鸟类保护委员会列为"濒稀种"，我国也把白鹳列为国家一级重点保护动物。白鹳身材高大魁梧，体形修长，约 170 厘米，翅膀很长，展翅可达 195～215 厘米以上，体重 3000～3500 克。寿命一般为 26 年。体态似鹤又像鹭，喙粗大侧扁，长而直，黑色。上半身覆盖白色的羽毛，只有两翅膀和尾羽的尖端呈黑色，好似少女闪光发亮的黑裙子。明亮的双眼描上了红眼圈，更增添了它的妩媚。腿细而高，呈粉红色，好似穿了一双长筒的红袜子。飞行时，头颈

白鹳的巢　　　　　　　东方白颧

向前伸，双腿向后伸，头和腿似乎呈一条流线型。休息时爱单足独立，并将长喙插入翅里，文雅，清秀，颇似知书达理的大家闺秀。雌、雄白鹳外观完全相同，只是雄性体形较大。白鹳文静而机警，常常小群结伴，主要栖息于开阔而偏僻的平原、草地和沼泽地。它常常优雅地翱翔在沼泽上空，漫游在湖水里，步履轻盈地在水边，边走边啄食。爱吃鱼、蛙、蜥蜴、蚯蚓等软体动物，昆虫也吃，尤其爱吃蝗虫。据史书记载，在1848年、1849年、1891年、1925年，我国曾发生四次大的蝗灾，数千只白鹳纷纷赶到蝗灾区，四面围剿，迅速捕食蝗虫，吃不下了，仍不休息，把剩下的蝗虫啄得稀巴烂。把白鹳称为"灭蝗"的英雄一点也不过分。

　　白鹳是大型的涉禽。每年秋末结集一般为500只左右，迁徙到我国长江中下游。如湖北的洪湖、龙盛湖、沉湖和南湖、湖南的洞庭湖、江西的鄱阳湖、江苏的洪泽湖、石臼湖等，都是它们越冬的好地方。它们一般是在上午和下午天气最热的时候迁徙，每天迁徙的距离可达 100～200 千米，飞行的速度每小时 40～47 千米，飞行的高度在 1600 米以至 3600 米的高空。

每年 4～6 月是白鹳产卵繁殖期。"夫妻"双双共同哺育后代。雄鸟从越冬地提前返回繁殖地，选择住处，急急忙忙修补旧居或建筑"新居"。白鹳对旧居不嫌弃，往往修补之后要反复居住数年。它们的巢一般筑在大树上，有时也选择在人们住房屋顶处。白鹳不怕人。欧洲人把白鹳当作吉祥鸟，称它为"送子鸟"。为了吸引白鹳在自家屋顶上筑巢，常常把旧马车或旧泊车的轮箍以及破箩筐等放在屋顶上，为白鹳筑巢提供方便，就这样，慢慢形成了有名的德国"白鹳村"。雄鸟修筑安乐窝，十分辛苦，它一面把采集的建巢材料——树枝、木棍、碎布——衔回来，构建新房刚刚有点眉目，雌鸟回来了。它们有的是"原配夫妻"，重返归居，有的是新建家庭。很奇怪，雌鸟在天空中飞一圈就能轻易地找到它的丈夫和新建的"家"。雄鸟看到"妻子"回来，很激动，伸长脖子朝着妻子使劲地"嘎——嘎——嘎"地呼唤，表示热烈欢迎。当雌鸟飞落在雄鸟面前的那一刻，它们陶醉在重逢的幸福中，叫着，跳着，互相呷嘴，用长喙互相"抚摸"。稍作欢愉，雄鸟带着雌鸟参观"新居"。接着，"夫妻"双双共同投身到新居的修建工作中。它们的巢很大，一般要 2 米多高、1.5 米宽。新房全是用树枝、木棍修建的，里面还要垫上"褥子"——干草、废纸、苔藓等东西。有时还会把人们晾在外面的小衣服叼来，垫在巢底。在苏联爱沙尼亚皮亚努市，一棵被大风吹倒的大树上，发现了一处白鹳巢，围长5米，重500千克，全是用干树枝、黏土、泥煤、塑料薄膜、绳网等材料筑成的。新房修好后，雌白鹳便开始产卵，一窝产3~5枚白色的蛋。白鹳"夫妻"轮流趴窝孵化，孵化期为33~34天，雏鸟出壳，雌白鹳把食囊中的食物呕吐出来喂养雏鸟。雄白鹳常常放弃休息，伫立于巢窝之上，警惕地守护着窝中的母子。夫妻俩对幼鸟的照料很细心，冷了，就用大翅膀将幼鸟搂盖住，一有阳光，便把幼鸟衔到草地上晒太阳；热了，就给幼鸟喂水降温。发现敌情，夫妻俩拼命发出"嗒、嗒、嗒嗒"的响声，威胁敌害。如果敌害吓不退，它们还互相配合，奋勇迎战，直到把敌害赶走为止。为了自己的宝宝，夫妻俩什么都不顾了。幼鸟长得很快，幼鸟为浅棕色或灰暗色，58~64天就长大出窝了，4个月就长得和成鸟一样高大。10月跟随父母南迁，到了南方，它们便脱离父母寻找自己的侣伴，组成新的家庭。

白鹳美丽大方，性情温和，活动时也沉默无声，喜欢和人们亲近。自古以来就为人们所熟悉。但近几年来，由于环境污染，白鹳的数量急剧减少，日本已经灭绝，我国数量也不多。我国已经把白鹳列为一级保护动物，在江西鄱阳湖建立了自然保护区。我国科技工作者攻克人工饲养和繁殖白鹳的道道难关，获得成功，白鹳的保护和发展得到了有力的保障。

五十二、"能歌善舞"的丹顶鹤

　　自古以来，丹顶鹤是颇受文人画士青睐的，入诗入画的频率较高。我国第一部诗歌总集《诗经》里就有描摹它声音的诗句："鹤鸣于九皋，声闻于天。"唐代著名诗人白居易留下了描摩丹顶鹤的名篇《池鹤》，对丹顶鹤的外貌进行细致的描绘："低头乍恐丹砂落，晒翅常疑白雪消。"一幅《松鹤延年》图，代代相传，不少人家把这幅画当作中堂画，挂在客厅，表示延年益寿的祝福。

丹顶鹤

　　丹顶鹤是什么样的一种鸟，为何有如此的神力？

　　丹顶鹤也叫仙鹤，是我国特有的珍稀动物。它属脊索动物门鸟纲鹤形目鹤科中的一种大型涉禽鸟。它素雅，高洁，忠贞。它是一种高尚的吉祥鸟，也是一种长寿鸟。据说，它可以活到 60 岁，最高可以超过 80 岁（实际上一般只有 30 多岁），所以人们喜欢它、崇敬它。清代皇朝曾把鹤图定作级别最高的一品文官的服饰。

　　丹顶鹤素以体态优美著称，它身高 1.6 米左右，展翅 2.4 米，体重 70～105 千克。全身披着洁白如雪的羽衣，两翅是油黑的飞羽，覆盖在尾羽上，活像少女白连衣裙上镶着黑色的裙边，高雅而别致。它的面颊、喉颈部呈暗褐色，犹如戴着面纱、围着黑围巾一样的俏丽。一双绿豆般的圆眼睛明亮有神。嘴较长，呈淡绿色，尖端为黄色，犀利如剑。纤细的双腿高高地站立。给人最突出的印象是裸露的朱红色的头顶上面长着一个鲜红的肉瘤，像一顶"红帽子"，给它增添了不少美丽的魅力。

　　丹顶鹤平时常成对或成家族群地进行小群体活动，迁徙时由数个或数十个家族群结成较大的群，一般是 40～50 只，多的 100 多聚在一起统一活动。平时散落在沼泽、洼地、湖边、海滩等浅水处，有节奏地自由自在地迈步、觅食，潇洒优雅。它的长颈、长喙能轻易而准确地捕捉到蠕虫、鱼虾、沙蚕、蛙及水生植物的茎、叶、块根和果实。夜间，它们栖息于四周环水的浅滩上。但无论是觅食或休息，常有一只成鸟放哨，不断地抬头向四周张望，一旦发现危险立即鸣叫，发出警报。鹤群飞翔时，两条长腿向后方伸直，长长的脖子伸向前方，悠悠然呈现出一副轻松而飘逸的姿态。丹顶鹤的骨骼外坚内空，但硬度很强，是人类骨骼的7倍。它们迁徙飞行时，常常排成楔形，让后面的丹顶鹤能乘着前面丹顶鹤飞行产生的气流，从而达到快速、省力效果。它们飞行的时速可达40千米左右，飞行高度一般在5400米以上，它们边飞边鸣，队形颇壮观。

丹顶鹤的颈长，气管自然也长，是人类气管的五六倍长，而且突入胸部，回环曲折于胸腔之中，和管乐器中的圆号一样，所以发出的鸣叫声特别洪亮、高亢。雄鹤叫的时候，举颈昂首，嘴巴直指蓝天，双翅高举，发出洪亮的单音。雌鹤随即将喙平伸，发出间断的双音声，两种叫声互相应和协调，组成一曲优美雄壮的乐曲。丹顶鹤不但能唱，而且善舞，它们的舞蹈常有由几十个甚至上百个动作连续变幻而成。尤其是它们求偶时，双双踏着步子，张着双翅，时疾时缓，转着圈子，时而伸腰抬头、跳跃、屈背，动作快慢和谐，舒缓优雅，真如一对热恋的男女，如痴如醉地沉醉在舞步中。

丹顶鹤是"一夫一妻"制，而且对爱情很忠贞，平时亲密无间，夫唱妇随，形影不离。如果失掉了一方，留下一方就会哀鸣不已，丧魂失魄。每年4月，丹顶鹤结群迁徙到繁殖地，夫妻俩共同选址筑巢，巢多置于有一定水深的芦苇丛中或高高的水草丛中。巢较简单，主要由芦苇、乌拉草、三棱草和芦花构成。夫妻俩每天早晨开始二重唱，翩翩起舞，一天到晚处于欢乐之中，好像在欢呼"小宝宝"的到来。它们发情交尾一般在上午，雌鹤先发出求偶鸣叫，然后雌雄两鹤的嘴和颈向上直伸，同时跳跃着，扇动翅膀，开始了它们的"鹤舞"。交尾时雌、雄鹤同时发出鸣叫，声传数里。每次产两枚卵。卵为石板青色，一般为10.6厘米×6.8厘米，重约267克。夫妻双双轮流孵化，雄鹤白天孵化，雌鹤在夜间，孵化期为30~33天。雏鹤多在5月下旬出壳，一旦离开壳就能蹒跚而行。雏鹤全身为棕色绒毛。长得很快，每天能增加34~100克，一般2~5天就能跟随父母到浅滩处觅食了，90日全身飞羽已发育完全，体形和父母相似，俨然是大鹤了。10月便跟随父母向南迁徙到越冬地过冬。到第二年春天，丹顶鹤又都携儿带女随群鹤返回故乡。但回到故乡后，父母就狠心地把子女们赶出家门，因为父母又要生弟弟妹妹了，嫌它们在跟前碍事。小丹顶鹤刚满一岁，头上的丹顶还没有长出来，小丹顶鹤赖着不肯离开家，父母亲便连啄带打，坚决把它们赶出家门。小丹顶鹤伤心地离开家来到沼泽、湖边，和被各家赶出来的小丹顶鹤自然而然结成一个集体，生活在一起，过着愉快的集体生活，等长到5~6岁，它们成熟了，便自然而然地离开集体，去"恋爱""结婚""生儿育女"了。

　　丹顶鹤是我国一级保护动物，也是世界珍稀的濒危动物。丹顶鹤分布在日本、朝鲜、俄罗斯等地，但主要产于我国。据专家们调查，估计丹顶鹤全世界仅1200只，我国占60%左右。我国主要产于东北的嫩江平原，冬天到长江中下游和台湾省等地越冬。我国在黑龙江齐齐哈尔东南的乌裕尔河地区和江苏的沿海滩涂建立了珍禽自然保护区，对丹顶鹤加强保护。

五十三、终身相伴的天鹅

在古代优美的神话传说中，天鹅常常幻化成仙女，给善良的人们带来快乐、幸福。天鹅是幸福的象征，也是美丽、纯洁、高贵的象征。

大天鹅　　　　　　　　　天鹅蛋

天鹅是一种非常珍贵和稀有的大型水鸟。它是脊索动物雁形目鸭科中最大的一类鸟。除非洲和南极洲外各大陆皆有分布，全世界共有5种，我国占3种。它们分别是大天鹅、小天鹅和疣鼻天鹅，其中体形以大天鹅为最大。天鹅全身长达90~180厘米，展开翅膀300厘米左右。全身披白羽，颈修长，超过身体的长度或与身躯等长。嘴黑色，基部呈淡黄色，基部高而前端缓平，尾短而圆，尾羽 20 ~ 24 根。天鹅常栖息在水草丛生或生长着芦苇的大型湖泊中，爱在广阔的水面做长距离的滑行，脚踏着水面，两翼挥动着向前进，无忧无虑，一副悠闲自得的神情。长脖子呈"S 形"，遇到紧急情况，脖子向上伸直。天鹅喜欢吃水中幼虫、螺类、软体动物和水生植物。在天空飞行时常结群而行，排成斜线或"V"字形。飞行时脖子向前伸直，微微向上，脚伸于腹部后方，身体修长平展，一对翅膀优美而快速地扇动，在天空中形成一道美丽的风景。天鹅每年要做长距离的迁徙。秋天，天鹅更换羽毛，夏装换冬装。新羽毛在冬季来临之前全部长好，它们便成群结队地飞到长江中下游来越冬。途中休息或过夜时，总有一两只天鹅被派去站岗，伸着长颈四处察看，一旦发现敌情，立刻发出警报，让大家做好准备。一般鸟类迁徙时飞翔的高度不会超出人的视力范围，然而天鹅飞得很高。曾飞越过喜玛拉雅山的珠穆朗玛峰，高度达 9144 米，《吉尼斯世界纪录大全》把天鹅列为世界上飞得最高的鸟。第二年的春天，天鹅又从长江以南各地返回新疆、东北各地，进行繁殖。

　　天鹅是恪守"一夫一妻"制的典范。它们从不越轨，它们的爱情可谓是纯洁、忠贞的。一旦"自由恋爱"结为伉俪，从此便双栖双行，一生不分离，一起觅食，一起漫游，一起嬉戏，亲密无间，直至双双老去。如果一方惨遭不幸，另一方便终身过着孤独的生活，不再婚配。在新疆巴音布鲁克的"天鹅湖"，每年天鹅繁殖季节都可以看到不少这样的失偶者，它们总是离群索居，郁郁寡欢地望着成双成对的天鹅"男欢女爱"而黯然神伤。

天鹅在每年 4~6 月繁殖。它们一般在 4 月上旬从南方返回繁殖地。由于做长距离的迁徙，它们十分疲劳，一般要休整 10~20 天。精力充分恢复后，原配夫妻开始寻找适合的地盘，构筑新居。那些未婚配的开始谈情说爱、配对。一对天鹅活动的地盘为一平方千米左右。在它们的地盘内绝不允许别的天鹅进入。天鹅的巢大多构筑在湖中小岛干燥的地面或浅滩的草丛中。夫妻双双共同为筑巢而忙碌。雄天鹅衔枯枝、苇叶等建筑材料，雌天鹅也从旁帮忙。巢较大，底外径 2 米左右，高约 1 米。巢筑好后，还要垫上柔软的细草和羽毛。每窝产 4~6 个蛋，蛋体积较大，一般有 400 多克重。雌天鹅负责孵化，雄天鹅守卫在身边，一刻也不离开。遇到险情，雄天鹅大叫一声，发出警报，雌天鹅迅速用杂草、树枝等把蛋盖好，然后隐身在草丛中。雄天鹅则在百米之外注视着事态的发展，随时准备扑过来拼命。别看天鹅平时温顺善良，但为了保护后代却不顾一切。天鹅的翅膀非常有力，一次一只与天鹅同样大小的大鹈鹕（也是水禽中百猛鸟）闯入正在趴窝孵化的天鹅领地，雄天鹅扑上去连喙带扇，硬是把大鹈鹕的一只翅膀扇断，逼迫大鹈鹕落荒而逃。孵化期为 35~40 天。雏鹅全身是淡黄的绒毛，出壳后的第一天，就在双亲身边找食吃。"妈妈"把自己腹部的脂肪涂在小宝宝们的身上，雏鹅便能跟着双亲下水游泳。到 7 月下旬，雏鹅就长大了，一身洁白的羽毛，变得非常端庄美丽。一窝小天鹅和双亲生活在一起，组成一个家庭。它们的家族观念很强。天鹅对小天鹅关怀备至，不仅教它们觅食、游

泳，而且要求它们注意休息。到了秋天，北方渐渐变冷，10
月，几个家族联合结成 20 只左右的小群向着长江中下游或东
南沿海的各地飞去。

　　生活在我国的三种天鹅都列入二级保护动物。新疆的
"天鹅湖"是我国天鹅繁殖的基地，鄱阳湖、青海湖、鸟岛西
南方的泉湾和东南沿海都是天鹅的越冬地方。不论天鹅飞到哪
里，都会受到人们普遍的保护。

五十四、卵生的哺乳动物鸭嘴兽

1843 年，恩格斯在英国曼彻斯特出了一次"洋相"。有人指着一只 1.6 厘米长的软壳蛋，告诉恩格斯这是哺乳动物的蛋，他听了哈哈大笑起来。他认为这是一件十分荒唐的事。哺乳动物全是胎生的，从来也没有听说过有卵生的。不久，恩格斯发觉自己搞错了。这只软壳蛋确确实实是鸭嘴兽生的。他给朋友写信说："我不得不请求鸭嘴兽原谅我的傲慢与无知了。"

让博学多才的革命导师恩格斯闹了笑话的鸭嘴兽，究竟是什么样的动物呢?

鸭嘴兽属脊索动物门单孔目鸭嘴兽科的单种的动物，是世界上最稀少也最珍贵的动物，它是未完全进化的哺乳动物，也是现存的最原始的适应水陆两栖生活的低等的哺乳动物。分布于澳大利亚东部和塔斯马尼亚。我国湖北于 2019 年发现和现存的鸭嘴兽相似的化石。它的大小和兔子差不多，体长 30 ~ 45 厘米，有一条大尾巴，尾巴长 10 ~ 15 厘米，体重为 1 ~ 2.3 千克。体形呈扁平的椭圆形。嘴很长，很像鸭嘴一样的角质喙。鸭嘴兽身体柔软并富有弹性，四肢有蹼，趾上都长有爪，也跟鸭足相似，不过它的蹼能自由伸缩，下水时伸出爪外，整个脚掌便可当作浆；使用爪时，蹼就缩在趾中间，爪子非常锐利，是护卫自己的武器。全身披着褐色的浓密柔软的短绒毛，中间还夹着一些长一点的针毛。毛油光闪亮，像是穿了一件防水衣，水打不湿。

鸭嘴兽　　　　　　　　　鸭嘴兽哺乳状态

鸭嘴兽习惯生活在河川的沿岸。它建造的"安乐窝"很别致，也很舒适。它用爪挖洞，速度极快，15分钟可以掘进50厘米，犹如一台挖土机。平时挖的洞不怎么考究，只要能躲在洞里，防止太阳晒和敌害就行了。到了雌兽怀孕后，它们建的洞府就相当漂亮、舒适了。洞里的通道一般长5~16米、宽20~30厘米，而且与几条地道相通。洞里有一个宽大的卧室。它们运来大量树叶、草茎，用水泡一天一夜，用尾巴压成小捆，然后搬进卧室放在床上做床垫，在上面育儿、休息，舒舒服服。安乐窝有两个出口，一个在水里，另一个在陆上。陆上的洞口伪装得极为巧妙，或用乱草遮盖，或用乱石掩护，一般很难发现。

鸭嘴兽白天躺在洞中睡觉，夜晚成群下水觅食。它大部分时间在水中度过。它有超强的游泳和潜水本领。在水里畅游像鱼一样灵活，尤其喜欢在湍急的水浪中逆水而上。它的大尾巴在游泳时起到舵的作用。它在溪边石缝里啄食甲壳小动物，也吃小鱼、蚯蚓、青蛙和水生昆虫，它还会潜入水底吃水底的蠕虫。它没有其他哺乳动物那样的尖利牙齿，吃食时和鸭子一样，往往连泥水一起吞进嘴里，然后把嘴一闭，利用下颚侧缘的过滤器把泥水压出嘴外，剩下的食物便贮进颊囊中，等颊囊中贮满了，便回到安乐窝慢慢享用。鸭嘴兽在水中畅游捕食时，眼、鼻、耳朵全都关闭。它的嘴巴上布满神经，能像雷达扫描器一样，接受其他动物发出的电波，凭着这一利器在水中寻找食物和辨明方向就相当方便了。鸭嘴兽食量很大，一天一夜一只鸭嘴兽要吃掉540条蚯蚓、2~3只虾、2只小青蛙，它吃下去的东西和它的体重几乎相等。

鸭嘴兽的繁殖也十分奇特。它们在水里交配，交配前，雄兽追逐雌兽，咬着雌兽的尾巴，缓慢地转圈子游泳，好似人们在跳舞。鸭嘴兽的生殖孔与排泄孔共同开口于泄殖腔，泄殖腔与外界只有一个孔，叫作泄殖。鸭嘴兽和鸟类一样，是卵生的，每年10月开始产卵，每次产1~3个白色软壳卵。卵是椭圆形的蛋。胚胎在母体中就开始发育15天了，但还没有完全成熟，生下后，雌兽还要孵卵，经过1~2周，小幼崽才破壳而出。幼崽只有2.5~3厘米长，全身无毛，眼睛紧闭，四肢不动。第一个星期不吃奶，仍靠卵里剩余的卵黄充饥，第2个星期才开始吃奶。鸭嘴兽没有乳房，也没有乳头，但腹部有一个"乳区",分泌乳汁。哺乳时,雌鸭嘴兽仰面躺着,幼崽趴在母兽的腹部,用小嘴舔吮乳汁。2个月,幼崽身体长到20多厘米,浑身长了毛,眼睛仍没有睁开,要经过4个多月的哺育,幼崽才发育完全,睁开眼,游泳觅食,过着独立的生活。

鸭嘴兽体温调节能力较强,它是通过调节标准代谢率来控制体温的,再加上毛皮隔绝热量的能力较强,它的体温一般恒定于32℃。鸭嘴兽也有特殊的防卫手段,它的腿部有一对15毫米左右的空心骨头,骨头内存有毒液,剧毒,若喷洒到敌害身上1~2分钟,敌害就死了,但对人类不会致命。

鸭嘴兽是哺乳动物中最原始的类群,身上既有鸟类的特征,又有兽类的特点,似乎介于两者之间,具有科学研究价值。鸭嘴兽的肉质鲜嫩,皮毛是上等皮革,也有很高的经济价值。鸭嘴兽也是澳大利亚"国宝"级的动物,澳大利亚政府已制定法律,保护鸭嘴兽,严禁捕猎。

五十五、"活雷达"蝙蝠

蝙蝠是有趣的动物，它像鸟，有翅膀，能自由飞翔，而且速度很快，也能长距离飞行。但它又不是鸟，身上没有羽毛，而且具有哺乳动物的一般特性，所以有的地方称它为"飞鼠"。

蝙蝠属脊索动物门哺乳纲翼手目中的动物，是世界上唯一能飞的哺乳动物。分布极广，除极地和太平洋一些岛屿外，它的足迹几乎遍及全世界。全世界共有185属961余种。我国有30属120种。蝙蝠全身覆盖着毛，背部呈浓淡不一的灰色、棕黄色、褐色或黑色，腹部颜色较浅。蝙蝠一般分为两大类：一类是大型的食果蝠，顾名思义，它以果实、花蜜为主食，对果树有害，如狐蝠、果蝠、犬蝠，大都生活在东半球的热带和亚热带地区，其中狐蝠为蝙蝠中最大，两翅展开约有1.5米，体长约30多厘米，体重超过1.3千克；另一类是小型的食虫蝠，体形较小，一般以昆虫和其他小节肢动物为食，如家蝠、大耳蝠等，我国最常见的是家蝠。

蝙 蝠

　　蝙蝠前肢的掌骨、指骨特别长，指骨末端到后肢和尾巴之间长着薄薄而柔软的翼膜，这便是它的翅膀，是由前肢在长期的进化过程中形成的。后肢又短又小，几乎没有肌肉，根本不能直立行走。倘若落在地上，只能缓慢地爬行，所以蝙蝠休息时总是将身体倒挂树枝上、墙壁上等高处，将身体悬空，这样可以在下落时迅速地起飞，比在地上安全得多。

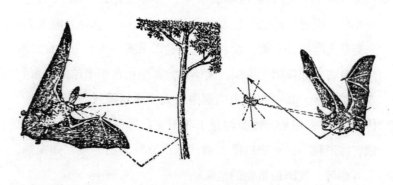

回声定位示意图

    蝙蝠多数栖息在岩穴、洞中、石缝和树洞中，爱群居。在泰国曼谷以南的坡特兰附近的山洞里栖息着千千万万只大小不一的蝙蝠，每天下午4点30分左右，太阳刚贴近地平线，受到人们惊扰的蝙蝠便从岩洞飞出来，形成宽约3米，长达数千米的蝙蝠群带，犹如一条黑色的天河。据目击者估计，至少有10万只以上，直到第二天早晨5时30分，才成群结队地飞回山洞，飞行时速竟高达320千米。蝙蝠习惯于白天休息，夜晚出来捕食。即使在伸手不见五指的黑暗中，也能自由飞翔，灵活地捕捉猎物，从不会迷失方向，撞到什么物体上去。有位科学家曾将蝙蝠的眼睛蒙起来，放在布满绳索的屋子里，绳索上挂了许多铃铛，蝙蝠在屋里飞行自如，竟没有碰到一次绳索，更没有一只铃铛发出响声。如果把它的嘴巴和耳朵塞住，蝙蝠便处处碰壁，寸步难行。这个实验表明，蝙蝠在黑暗中不是用眼睛来看的，而是与嘴巴、鼻子和耳朵有关。经过科学家反复研究发现，蝙蝠有一套独特的回声定位系统，灵敏、准确、高效。蝙蝠通过喉咙发出人耳听不见的超声波。这种超声波在传播过程中，一旦碰到树木、墙壁和在飞行的昆虫等障碍物，就会立即反射回去。蝙蝠的耳朵或鼻子接收到这些反射波，能迅速判断障碍物的具体方位、它与障碍物之间的距离及障碍物的特点。蝙蝠这套回声定位系统类似人类的眼睛，对周围千变万化的世界了解得清清楚楚，然后做出行为的指向，当出击就出击，当回避、防御就回避、防御，灵活自如。蝙蝠发射的这套超声波，抗干扰的性能很强，成千上万只蝙蝠同住一洞，各自用自己的回声定位系统导航、捕食，互相之间从来没有发生过碰撞，也没有干扰。即使人为地干扰蝙蝠，哪怕干扰噪声比它发出的超声波强 100 倍，它仍能有效地工作。由此可见，蝙蝠回声定位系统非常精密。正因为这样，蝙蝠被人们称为"飞行中的活雷达"。

蝙蝠也有自己的"语言"，它们交谈的"语言"是发出的低频率的信号。它们用信号来吸引配偶、保卫食物，召唤同类来共同驱逐一些掠食的蝙蝠。母子之间也用信号来交流。

科学家根据蝙蝠回声定位的原理，研制了声音雷达，又叫声呐系统。用这种雷达可以测定水中物体和船只的位置，只要用几分之一秒的时间就可以把数百平方千米水域中的物体收录在荧光屏上，供人们分析研究。近年来还制造出盲人探路仪，将反射回的信号变成正常声波，送到盲人耳朵里，使盲人准确无误地避开障碍，确保盲人行路安全、畅通无阻。

蝙蝠每年秋天交配，不久进入冬眠状态。蝙蝠冬眠不深，处于半冬眠状态，有时还要进食和排泄，直到第二年春天，蝙蝠才开始受精，胎儿在母体内发育，到春末夏初才产下幼崽，一般一窝产 1~4 幼崽。从交配到产崽，一般要 6 个月左右的时间。幼崽初生时无毛或少毛，不能看也不能听，全是雌蝙蝠照料，用乳汁哺育，一般要经过 5 个月才独立生活。大多数蝙蝠的寿命为 4~5 年，最长的可达 33 年。

蝙蝠集居的地方，积聚着大量的蝙蝠粪便，是很好的肥料，也可以把它加工成中药"夜明砂"，具有清热明目的功效，是医治眼病的良药。

五十六、讨人厌恶的老鼠

　　说起老鼠，如同苍蝇、蚊子一样，没有一个人不厌恶。过街老鼠，人人喊打。老鼠是货真价实的人类大敌。它的危害主要为以下三个方面。

老鼠和它的门齿

　　第一，侵吞粮食。老鼠的家族十分庞大，全世界有480多种，我国也有150多种。据专家估计，光是常见的家鼠，全世界现在至少有100亿只，一只成鼠一年要吃掉9千克粮食。每年全世界被老鼠吃掉的粮食约占粮食总产量的20%，折合金额至少1120多亿人民币。仅以亚洲为例，每年老鼠吞吃的粮食就有4800万吨，足够25亿人吃一年。第二，毁坏器物。老鼠上下颌各有一对门齿，会不断地生长，一周就可以长出几毫米。因此，它必须不停地咬啮硬物来磨掉牙齿。在夜深人静之际，常常会从墙角、桌旁传来吱吱的啮咬声，这便是老鼠在磨牙。老鼠常咬衣物、箱笼、书籍、电缆、砖块或钢筋水泥。美国纽约市曾因老鼠咬坏电缆出现过多次大范围的停电事故，有时还会引发大火。第三，传播疾病。老鼠能传播鼠疫、流行性出血热、斑疹伤寒、狂犬病、回归热等 50 多种严重的疾病。据史料记载，世界上曾发生过三次特大的鼠疫：第一次是公元6 世纪，全世界近一亿人的生命被吞噬；第二次是在公元 14世纪，欧洲死亡 2500 万人，亚洲死亡 4000 万人，其中我国死亡 1300 万人；第三次是发生在 19 世纪末 20 世纪初，危及 32个国家。这三次疫情都是老鼠造成的灾难。

自古以来，人类同老鼠进行了长期不懈的斗争。我国最早的诗歌总集《诗经》中就有《硕鼠》篇，对硕鼠进行严厉的斥责和辛辣的讽刺。近年来在出土的"秦简"中，发现了《灭鼠律》的全文，《灭鼠律》规定，"有两个鼠穴"或"三个鼠穴"以上的人家就要受到"申斥"或罚缴一只盾牌的处分。这就表明我国在秦朝就开展了大规模的灭鼠运动。目前，各国政府及联合国有关机构都把灭鼠看成关系到国计民生的大事情来抓，我国政府也曾多次发出通知，号召全国人民开展灭鼠活动。

老鼠属脊索动物门哺乳纲啮齿目鼠科中的动物，俗称"耗子"。它也是一种古老的动物，早在人类出现前 2300 万年就在地球上横行了。老鼠体形较小，全身以灰色、褐色为主。

老鼠的适应性很强，能在各种气候、各种环境中生存，而且活得有滋有味。除南极洲外，世界各地都有分布，无论是城乡居民区、农田、森林、草原、江湖沿岸，还是荒漠、严寒地带，都有它们的子孙在繁殖。就连经过核爆炸的地方，它们也能生存。如日本广岛原子弹爆炸后，什么生命都毁灭了，唯独没有消灭老鼠，相反老鼠生活得十分安逸，几年后个个长得像小猪一样大。老鼠特别适应人类生活的环境，房屋的天花板、墙洞、下水管道等处都是它们的栖息地。在火车、汽车、飞机等交通工具上，老鼠也能禁受得住长时间的剧烈震动，不但生活得安逸，还能繁殖后代。老鼠嗅觉很灵敏，尤其对人的气味更熟悉，只要一闻到人的气味就远远地躲开了。老鼠很聪明，智力成熟程度可以和人类相匹敌，它会用面部表情表达自己不适的感受，感到痛苦时，它们的眼睛眯起，双颊鼓起，胡须聚成一团或者竖起来，双耳向后。注射镇痛剂后，这些表情全部消失。老鼠还具有很强的记忆力和观察力，如果受过袭击，它会长时间回避此地。老鼠食性很杂，有什么吃什么，除谷物外，蠕虫、植物皆可用来充饥，甚至连电线的胶皮、肥皂它也都吃得津津有味，所以老鼠从来都不会挨饿。老鼠也是哺乳动物中繁殖最快的动物。一对家鼠，一年可以生育 6 ~ 8 胎，每胎一般生 5 ~ 10 只，新生幼鼠全身无毛，两眼不睁，一周开始爬行，12 天睁眼，20 天左右就能单独觅食，3 个月性成熟，春季出生的幼鼠，秋季便可以繁殖。据统计，一对健康的家鼠，这样代代繁殖，一年就产 1500 只幼鼠，虽然实际上一般只有十分之一的幼鼠能够生存，但数量还是十分惊人的。它们的自然寿命为1～5年。老鼠十分机智，警惕性也高，稍有异常变化便逃之夭夭，有时最灵验的灭鼠药、电子猫、捕鼠器也显得无能为力。

老鼠一般是在夜间或晨昏活动，白天藏在洞中，很少看到它们的影子。它们的洞修筑得很考究，有"粮仓"，有"卧室"，还有"安全出口"，而且户户相通，俨然是一个洞府。它们生活本领也高，既能打洞也能上树，既会爬山也会涉水。在水里能生活三天，能在水下闭气三分钟，与鱼争食。从五层楼上摔下来也不受伤，它那长长的尾巴在活动中能起到平衡的作用。正因为以上这些特性，我们人类和它们斗争了数千年，它们依然活得很滋润，家族数量依然十分庞大。

老鼠也并非有百害无一利，它还是有一定的经济价值的。它们的皮毛柔软有光泽，是国际市场上的畅销商品。鼠毛水解后可制成水解蛋白、脱氨酸等药品。小白鼠还常用来做各种医药实验。我们还可以利用老鼠嗅觉敏锐、动作灵活的特点，将它培养成"警鼠"，帮助人类侦查地雷、定时炸弹等各种爆炸物。美国的哈里森和以色列阿特拉维夫等地方，已经使用警鼠在机场、港口、海关等地做"探测"工作，效果很好。

五十七、"打洞专家"鼢鼠

俗话说:"龙生龙,凤生凤,老鼠生来会打洞。"凡是老鼠都能挖洞,但可以冠以"打洞专家"头衔的恐怕也只有鼢鼠了。

鼢鼠的前脚

鼢鼠

鼢鼠属脊索动物门哺乳纲啮齿目仓鼠科。全世界共有6种,分布在我国北部和中部,以及蒙古、西伯利亚一带。鼢鼠体形像普通老鼠,头大而扁,一般为15~27厘米长,体形粗壮,体重250克左右。体毛银灰色而略带淡赭色。钝吻,门齿粗大,眼睛很小,视觉较差,有"瞎眼老鼠"之称。但它的听觉、嗅觉特别灵敏。尾巴短小,尾巴上的毛很稀少,有的近于裸露。鼢鼠一般生活在森林边缘、草原和农田里,在我国青海高达3900米的高山草原上,也有它们的子孙在活动。鼢鼠爱吃植物的根、茎和果实。雌、雄鼢鼠单独生活，在繁殖期才生活在一起。

鼢鼠是地下生活的鼠类，昼夜均活动。白天只在地道中活动，夜晚便到地面觅食。鼢鼠四肢粗短有力，前足特别发达，尤其以第三趾最长，是挖掘洞穴的有力工具。它一面挖土，一面将泥土拨到身下，再用两只后肢不停地向后踢出去，然后掉过身来，用头向外推土，一直推到洞外，堆成许多不规则的土堆。鼢鼠挖洞速度惊人，每小时能掘进40厘米左右。它挖的洞一般离地8~15厘米，洞径为7~10厘米，构造较复杂，有纵横交错的主道通出地面，主道旁有支道，支道的末端或旁侧有宽敞的洞室，分别作为卧室、仓库、厕所和休息室。地道很长，一般有50~60米，最长的可达100多米。洞口有好几个，可以任意出没，而且十分隐蔽，常用一些碎泥覆盖着，从外面难以察觉。

鼢鼠对卧室十分讲究，既宽敞又光滑，体积也大，室内还铺着干燥柔软的草根或树叶，应该说是十分舒适的。这样舒适的卧室不止一套，一般要有几套，有适于夏天住的凉室，有适于冬天住的暖房。夏天天气酷热，鼢鼠便住在离地面较近的凉房里，那里通风，比较凉爽；严冬，它们便搬进离地面更远的暖宫中，那里是恒温的，可以御寒，即使洞外零下数十摄氏度，连黑熊都忍受不住，进入冬眠状态，鼢鼠却不用冬眠，依然活动自如，一点也不受影响。看来鼢鼠是很讲究享受的。鼢鼠的仓库里储藏着丰富的食物，有人曾经在鼢鼠洞中挖出食物300千克。这些食物按照物品类别、井井有条地堆放着，如豆类、落花生、胡萝卜、马铃薯、茅草根等。食物长期储藏在地下容易发霉，尤其是夏天，一旦发霉了，鼢鼠是不吃的，坚决抛弃。但通过长长的地道将这些食物搬出洞外，也不是一件容易的事，而且还要弄脏沿途的地道。爱动脑子的鼢鼠便采用巧妙而省事的办法：再挖一个新的仓库，挖出的土把原来的仓库连同霉烂的食物全部封死。鼢鼠对厕所的位置设计也是颇具匠心的，厕所既不能离卧室太远，远了排泄不便；也不能太近，近了臭气会影响睡眠，而且要与仓库保持一定的距离，总是安放在恰到好处的地方。鼢鼠对雨水的防御也考虑得十分周到，洞穴的选址，一般选在地势较高而又干燥的地方，所有的洞口都有泥土覆盖着，雨水不容易进去，而且各个洞口不放在同一个水平面上，即使雨水流入，也只会影响地下室最低的一小部分，对整个洞府无多大的损失。小小的鼢鼠能有如此高超的建筑技术，真令人叹为观止！

鼢鼠一般 3~9 月繁殖，年产 2 胎，每胎产崽 1~8 只，幼崽一般吃 10 天乳汁，20 天便能独立生活，2 个月便性成熟，成大鼠了。

鼢鼠挖洞，对地面庄稼危害较大，而且大量贮粮，对粮食的损耗也太大，它是农业主要害兽之一。但也不是没有一点用处，它是一种名贵的药用动物。它的皮、肉、骨都可入药，尤其是骨可以与虎骨相媲美。它主治淋巴系统肿瘤、再生障碍性贫血、化疗放疗引起的白血球减少症、慢性肝炎、红斑狼疮、关节炎等疾病。

五十八、用"放臭屁"当武器的黄鼠狼

"黄鼠狼偷鸡"是妇孺皆知的，所以人们对黄鼠狼没有一点好感。其实是我们冤枉了黄鼠狼。黄鼠狼不仅不危害人类，而且是我们人类的大功臣。它是捕鼠能手，一只黄鼠狼一天要捕食6~7只老鼠，一年要吃掉1500~3200只老鼠。它是庄稼的真正"守卫者"。它一般不吃鸡，有时饿极了，偶而也咬鸡。但功大于过。它应该享受我们人类对它的尊敬，而不该成为人人唾骂的对象。我们应该给黄鼠狼正名，还它一个公正的待遇。

黄鼠狼

黄鼠狼学名叫黄鼬，是脊索动物门哺乳纲食肉目鼬科的小型动物。分布在东南亚各国和俄罗斯。它颈长，身体全长28～40厘米，体重210～1200克。体形中等，身体细长，头细、颈项较长，耳壳短而宽，稍突出于毛丛。背部赤褐色，嘴边白色，胸脯淡黄色。四肢较短，足趾非常尖锐。背后拖着一条蓬蓬松松的长12～25厘米的大尾巴。黄鼠狼生存能力极强，无论是寒带的针叶林，还是干燥的草原，抑或是热带丛林；无论是山区、平原或沼泽地以至村落居民点和城镇，都是它出没的地方。它生活得自由自在、潇潇洒洒。黄鼠狼身体非常灵活，有时它能追踪鼠迹到鼠穴，捕杀整窝的老鼠。它的捕鼠本领远远超过猫和猫头鹰。黄鼠狼的繁殖力很强。每年3～4月发情交配，怀孕33～37天，通常是5月产崽，每胎产2～8只幼崽。幼崽全身被覆着白色胎毛，双眼紧闭，10个月后幼崽便长大成熟，又将产生下一代。它的寿命一般为10～20年。

黄鼠狼昼行夜出，尤其是清晨和黄昏活动最为频繁，爬树、穿洞、游泳都会，视觉较差，但嗅觉十分灵敏，行动迅速，机灵而又狡猾。除了老鹰和猫头鹰是它的天敌，其他较大的动物都奈何不了它。遇到险情，它会凶猛地殊死搏斗，它还有一个自卫的撒手锏——放臭屁。每当遇到危险，逃脱不了时它便会掀起尾巴，"噗""噗""噗"一连放出几个奇臭无比的屁，喷射出一阵臭气和臭液，敌害往往便被吓退，自己趁机逃之夭夭。这种臭气和臭液来自黄鼠狼肛门附近的腺体，十分厉害。这种臭液粘到物品上，臭味久久不会消失；散落到人的眼睛里，严重的会失明；喷射到人的鼻孔里，会起到麻痹作用，使人昏厥、呕吐。

　　黄鼠狼不仅用臭屁对付侵害自己的敌人，还会用臭屁来捕食。黄鼠狼也喜欢吃刺猬。刺猬遇到了强敌，便蜷曲一团，像针一样尖锐的毛根根挺立着，一般食肉动物是无法下嘴的，可机灵的黄鼠狼可不一样，它围着刺猬转了一圈，寻找刺猬的头部，刺猬蜷曲后头部留一个小孔隙，大概是用于呼吸吧。黄鼠狼便对准小孔把臭屁喷射进去，不一会儿，刺猬便被麻醉了，躯体松散开来，解除了武装，黄鼠狼便从刺猬没有硬毛的腹部动嘴，先咬死刺猬，然后慢慢地享用它鲜美的肉。

黄鼠狼捕鼠

　　黄鼠狼的机灵还体现在它自我疗伤上。这是发生在我国西双版纳热带森林里的一个真实的故事：

　　一个姓兰的向导带着一支科考队在原始森林里考察，看到一条胳膊那样粗的蝮蛇和一只黄鼠狼搏斗，黄鼠狼不慎被蝮蛇咬了一口，仅仅几十秒钟，黄鼠狼口吐白沫倒了下去。蝮蛇正准备再次进攻时，又出现一只黄鼠狼，腹蛇只好转身逃进森林，新来的黄鼠狼在同伴身上东闻闻西嗅嗅，从别处衔来许多草，嚼碎后一点点地塞进同伴的嘴里。不久，那只奄奄一息的黄鼠狼便慢慢地睁开眼睛，奇迹般地站了起来。兰向导也懂点草药，他拿起地上许多碎草叶告诉大家：这些草叶是专治毒蛇咬伤的草药。那只黄鼠狼很懂得医药，似乎是个职业"医生"。

　　黄鼠狼冬天的皮毛很值钱，是制裘的上等原料，尾毛沥水耐磨，是制造高级狼毫的原料，制作水彩或油画画笔也少不它。黄鼠狼的肉也是一味很好的中药，主治疥疮、疮溃不愈合、尿频等疾病。黄鼠狼是我国三级保护动物，列入《国家保护的有益的或者有重要经济、科学研究价值的陆生野生动物名录》，是不能随便猎杀的。

五十九、"土木专家"河狸

　　大千世界无奇不有。早几年，德国纽伦堡市政当局打算用2万马克在森林边缘的一条小河上修一座水坝，由于意见颇不一致，没有修成。人们万万没有想到，几年后，森林管理员向市政当局报告说："河坝已经修成，一分钱也没有花。筑坝大师竟然是河狸。"河狸是谁？它竟无偿地完成了当局想筑而没有筑成的水坝工程。这确实是一件令人惊讶的罕事。

正在伐木的河狸

河狸是老鼠的近亲，属脊索动物门哺乳纲啮齿目河狸科的动物。它也是古老的动物，很早就已活跃在世界上了，遍布整个北半球寒温带和亚寒带森林河流地区。现存1属2种。我国仅有1种。河狸躯体肥大，雌雄无明显的区别，体长60～80厘米，腰围与体长差不多，体内有较厚的脂肪层，看上去胖乎乎的，讨人喜欢。我国的河狸体形较小，体长7.4～10厘米，尾长30～38厘米，宽12厘米，体重25～30千克。河狸全身被覆着致密的棕褐色绒毛，背部颜色较深，头部和腹部颜色较浅，全身的毛有油质，不沾水，也不怕冷水浸泡。头短，颈短。四肢也较短，前肢足小，有强爪；后肢粗壮有力，后足趾间直到爪有全蹼，像鸭子的一样，适于划水。尾巴很大，上下扁平，并覆有角质鳞片，在游水时起到舵的作用。眼小，耳朵也小，外耳能折起，可以防止水进入，耳内也有防水瓣膜，鼻孔也有防水灌入的肌肉结构。头骨扁平而坚实，有牙齿20枚，门齿异常粗大，呈凿形，臼齿咀嚼面宽阔，能嚼碎较硬的食物。

河狸过着半水栖生活，夜间和晨昏出来觅食。善于游泳和潜水，也能借助爪向上攀登。没有冬眠。自卫能力不强，而且胆小。它爱吃阔叶树的枝干、树皮、树根和芦苇。早春1～2个月发情交配，3个半月后生育，每年生育一窝，一般为1～6只幼崽，幼崽两天后就会游泳，3年后性成熟。寿命为12～20年。

河狸的"家园"

　　每年秋天，河狸开始储藏冬季的食物。河狸和老鼠一样，四颗大门牙会不断生长，所以河狸需要不断磨牙，它啃咬粗大的树木就是它磨牙的方式，它用坚固的门齿咬，咬得很快，平均每秒钟从口中吐出三次碎木屑，一棵碗口粗的树木不超过5分钟就能啃断，其速度令人望洋兴叹。河狸将越冬的口粮——树枝藏在水下，上面压着石块，以免浮出水面被水流漂走。

　　河狸在陆地上的行动缓慢而笨拙，一般在水边活动，遇到敌害一面跳水逃跑，一面用尾巴不断地拍水警告同类。河狸的巢一般修筑在沿岸的浅滩上，构筑得十分巧妙，用树枝和泥土搭成。离地面0.8~1.9米，屋顶是圆形的，直径一般为2~3米，墙壁很坚固，表面涂着黏土。巢一般有两个出口：一个通向地面，另一个由一条隧道直通水下。隧道高50厘米，宽约56厘米。每个巢分上下两层，上层是土木结构，较干燥，铺着树枝和芦苇茎咬成的柔软的纤维状小条，是整个家族的住房；下层在水面下，是食品"储藏室"。巢穴中还修建了一些不同功能的专门房间：有的吃饭，有的繁殖，甚至还有专门的晾干室。河狸还常在巢的附近修筑 2～8 个临时洞穴，作为紧急避难或临时休息用。河狸爱群居，一个一个巢排列着，有时多到数十个。河狸总是孜孜不倦地在筑堤坝，筑坝是一种自卫行为，不仅可以防止河水冲走自己的家园，更重要的是保持水的一定深度，使自己的巢穴的洞口在水下一米深的地方，以免河水干枯，洞口暴露在外。因此，河狸需要在洞口的上侧建立拦河坝来封住洞口。一旦狐狸、浣熊之类的天敌寻到河狸时，也只能望"水"兴叹。筑坝的材料是树木、石头、泥沙。如果树木离水较远，它还会在地面上挖一条数厘米深的运河，借水流将树干运到筑坝的工地，把树干垂直插进土里，当作木桩，然后用树干、石块、淤泥堆成坝。河狸能用前爪将泥土或石子举得高高的，用后肢"踩水"上前，将泥土、石子运到工地。筑一条堤坝，往往要往复数日乃至数月。据科学家观察，一对勤奋的河狸一周内可筑 10 米长的坝。在美国有一条河狸修筑的大堤长 700 米、高约 4 米，坝上既能行人，又能骑马。在加拿大阿尔伯塔省有一条河狸家族修建的堤坝，长达850 米。科学家称始建于 1975 年，并且还在不断增长，有望突破千米大关。堤坝把河水堵住，使坝内成了一个平静的"小湖泊"。

　　大坝由河狸家族世世代代加以维护，时间能延续许多年。由于水位会不断发生变化，当水位升高时，有淹没巢穴的危险，河狸会将坝顶降低一点，使水溢出；如果水位降低，它们会筑高水坝或对漏水的地方加以修补。冬天，"小湖泊"封冻了，河狸会在坝上挖小洞，来降低冰下水位，使水面与冰层之间留出空间，这样既便于呼吸，又可以在水面游动。河狸考虑得很周到。

大坝筑好了。河狸便可以在水中阁楼上放心休息，尽情地享受生活的乐趣。

河狸的尾基处和阴部两侧均有一对腺囊，腺囊分泌出来的"河狸香"，呈浅黄色，是世界著名的香料之一。河狸的皮毛也是举世闻名的珍品。由于大量捕杀，现已濒临灭绝，我国已将它列为国家一级保护动物，并于1981年在布尔根河流域建立了河狸的自然保护区。

六十、用袋育儿的袋鼠

你去过澳大利亚游玩吗？

一踏上澳大利亚的国土，抬头所见，到处都是袋鼠的画像。旅行袋上、招贴画上、年历上、民航班机舱口上、临街店面的商标上，处处都是袋鼠各种各样的优美姿态，连澳大利亚的国徽上也蹲着一只大袋鼠。袋鼠是澳大利亚的国宝，也是澳大利亚特有的产物。袋鼠在澳大利亚作为优雅与力量的象征，袋鼠只会往前跳，不会后退，这种永不退缩的精神，也是值得赞扬的。全世界现有袋鼠 17 属 52 种，澳大利亚就占了 47 种，据专家考证，早在 2500 万年前，袋鼠就活跃在澳大利亚了，它也是世界上最古老的动物之一。称澳大利亚为袋鼠的王国，一点也不过分。

袋鼠属脊索动物门哺乳纲有袋目袋鼠科。分布在大洋洲的草原上和丛林中。袋鼠个子大小相差很大，最大的袋鼠是大灰袋鼠和大赤袋鼠，蹲坐时有 1.5 米高，身长达到 2.75 米，体重约 100 千克，两脚站立起来竟超过 2 米，远比人高。最小的袋鼠，如鼠袋鼠，身长只有 5 厘米，体重仅 4 克。袋鼠的形状活像老鼠，头小小的，很像鹿头。耳朵大大的，眼睛也是大大

袋 鼠

的。它的视力、听力都很灵敏。袋鼠两只前肢短小、瘦弱，有点像人的手；两只后肢长大，有非常发达的韧带与弹力，因而孔武有力，是它的行动器官，也是它的自卫武器。它的尾巴也特别粗大，长 1~3 米，重 10 多千克，平时用它和两只后肢构成一个"三角架"，呈蹲坐式的姿势。袋鼠跳跃时，大尾巴像舵一样，维持身体的平衡，又像一块"弹跳板"，使它跳得又远又高。袋鼠不像牛、羊那样用四只脚一步步地行走，而是缩起前肢，用后腿跳跃式地前进，大袋鼠往往一跳就有 3~6 米远。在特殊情况下，它能跳过 13 米宽的小河，越过 2~4 米的障碍物。它奔跑起来，时速可达 40~65 千米，犹如一辆中速行驶的汽车，袋鼠是跳得最高、最远的哺乳动物。有趣的是，与其他动物不同，袋鼠的时速越低，能量消耗就越大，快到一定程度，能量消耗反而相对减少了。袋鼠通常喜欢群居，有时可多达上百只生活在一起。袋鼠家族"种族歧视"比较严重，它们不能容忍外族成员进入它们的家族，就是本家族成员长期外出后再回来，也是不受欢迎的。

袋鼠繁殖很特殊，体内没有胎盘，无法供给胎儿营养。因此，雌袋鼠怀孕 33~40 天后，只得把幼崽产下。刚生下的幼崽只有花生米那样大小，长不超过 2 厘米，重一般为 0.5~0.75 克，全身半透明，没有毛，五官也不全。雌袋鼠在临产前，背靠树坐着，尾巴向前伸，用舌头在尾巴根部和腹部舔出一条小小的通道，幼崽生下来便落在尾巴上。幼崽靠着自己的前肢和灵敏的嗅觉，沿着通道慢慢爬进妈妈腹部的育儿袋里。如果迷失方向爬到干燥的毛上，它能主动回头。育儿袋里有 4 个奶头，按理说可以接待 4 个婴儿，但袋鼠每胎只生一只，偶尔生下 2 只、3 只，也会因供奶不足而死去，最后也只能保留一个孩子。幼崽踏进育儿袋碰到奶头，立刻吸附上去。奶头便膨胀起来，把幼崽的嘴塞得满满的，小家伙想吐也吐不掉。每隔一段时间，奶头会自动喷射乳汁供幼崽享用。小袋鼠在育儿袋里舒舒服服地生活，慢慢地长大，200 天后，小袋鼠就重达 5 千克左右，但它还是躲在育儿袋里不肯出来。它会经常地探出小脑袋，圆睁着大眼睛，惊奇地看这看那，偶尔也会走出育儿袋，学妈妈那样跳几步，咬几口嫩草，一有风吹草动，又赶紧跳进育儿袋里，由妈妈带着逃跑。有时妈妈被猎狗追得太急，感到带着小袋鼠逃跑不便，它便一面跳跃，一面把小袋鼠远远地扔进草丛里，等脱离了危险，再回来找孩子，把它放进育儿袋。小袋鼠在育儿袋里拉屎撒尿，雌袋鼠要经常把口袋撑开，用舌头仔细地把袋里袋外舔干净。大约 8 个月以后，小袋鼠才真正离开育儿袋，开始独立生活，4 年后性成熟，成为成年的袋鼠。雌袋鼠有两个子宫，右边子宫的小崽刚刚出生，常常左边子宫又怀上小崽的胚胎，等右边小崽长大脱离育儿袋后，左边的胚胎才开始发育。

袋鼠性格温驯、和善，不会主动伤害别的动物，但一旦被激怒，也会不顾一切地搏斗。它的大尾巴一扫，足以置人于死地，它后脚的弹击力量也很大，一脚能把人的头骨踢碎。澳大利亚人捕捉大袋鼠的传统办法，是用经过训练的猎狗。久而久之，大袋鼠也总结出一套对付猎狗的有效办法：当猎狗追来，大袋鼠便背靠大树，尾巴支在地上，像"兔子蹬鹰"一样，用匕首般的两只后爪对猎狗有力地还击，往往能使猎狗受到重创。大袋鼠被猎狗追踪时，它有时向湖泊或水塘里跑，如果猎狗冒冒失失地追踪过去，追跳到齐胸口的水中，大袋鼠便回过身，在水中泥地上支起"三脚架"，用前肢与猎狗厮打，巧妙地把狗头按入水中，直到猎狗呛死为止。袋鼠还是很聪明的。

草原上的大袋鼠

　　袋鼠多在夜间活动，它胆小机警，听觉、视觉、嗅觉都十分灵敏，稍有异常的声响，都能发觉，迅速逃离险境。食物以青草、灌木嫩枝叶为主，有时也毁坏庄稼和牧草。它生活在草原、沙漠上。干旱时，袋鼠有一套节水、散热的本领，而且会在荒漠上掘出较深的"井"来取水，维持生命。

　　大袋鼠的经济价值很高，肉质鲜嫩，皮柔软坚韧，可以制革。由于过量捕杀，大袋鼠的数量骤减，澳大利亚政府已对袋鼠采取了保护措施，设立了自然保护区，确保袋鼠绵绵不绝地繁衍下去。

六十一、"森林卫士"穿山甲

　　茫茫无边的林海，充满勃勃生机，终年翁翁郁郁，时间在这里似乎停息，然而生命在这里繁衍不息。偌大的森林也有天敌，最主要的便是小小的蚂蚁。别看它"小"，却是参天大树也无法对付的敌害。它们成群结队地从地底下吞食树木的根系，导致树木得不到应有的水分、养料，最后只好慢慢地枯死。但不用愁，自然界也给森林配备了卫士，这便是穿山甲。穿山甲专门吞食蚂蚁，保卫森林。据科学家反复探查，一只成年穿山甲一天要吃 500 克蚂蚁，约有 2 万多只。一只穿山甲就能守卫250 多亩森林。用"森林卫士"来称呼穿山甲，是名副其实的。

穿山甲

穿山甲又名鲮鲤，属脊索动物门鳞甲目穿山甲科，是地栖性哺乳动物，多生活亚热带落叶森林里。世界上共有8种。我国有一种，称作"中华穿山甲"，产于我国南方和中南半岛一带。

穿山甲身体狭长，头部又尖又长，呈圆锥形，背部略隆起。四肢粗短，尾巴扁平，身体长34～92厘米，尾巴长20～35厘米，体重2～3千克。全身披着盔甲似的坚硬角质鳞片，鳞片如瓦状。鳞片与体轴平行，鳞片呈黑褐色。穿山甲的眼睛和耳朵都不发达，但嗅觉特别灵敏，它是靠嗅觉觅食的。它舌头又细又长，而且能伸缩，可以伸出嘴外去舔食很远处的蚂蚁。由于世世代代吞食蚂蚁，根本用不到咀嚼，所以牙齿也渐渐退化了。它的肝脏不大，肝的解毒功能较差。穿山甲后足短小，前足爪长，尤其是中间第三爪特别长，向后弯曲，在地面行走极不方便，一旦遇到强敌，逃遁不快，只能利用本身的条件，采取特殊的防卫绝招：将身体蜷缩成球形，头护在中间，耸起片片鳞片，像刺猬一样，一些大型食肉动物如狮子等去咬它，它会让鳞片进行切割运动，割破敌害的嘴巴、舌头。这一招对付食肉动物还可以，使它们束手无策，但对付人们的捕猎反而变成"束手就擒"了。有时穿山甲还利用斜坡地迅速滚下去，速度每秒可达3米多。

穿山甲很爱清洁，每次大便前，先在洞口外边1～2米的地方挖一个5～10厘米深的坑，将粪便排入坑中，再用松土覆盖，这一点和猫很相似。

背着幼崽的穿山甲

别看穿山甲行走笨拙，挖洞钻地却是它的拿手好戏。它的爪坚硬锐利，挖洞时，用前爪挖掘，后爪扒土，把土扒松了，就钻进土里，竖起身上片片鳞片，让松土落入空隙，然后收缩鳞片，倒退出来，将土运出。一边挖土，一边运土，掘进速度很快，每小时可达3~5米深，每小时运出的土量至少与体重相等。穿山甲是穴居动物，白天匿居在洞中，晚上才出来觅食。它爱栖居于山麓或平原有杂树林的潮湿地带，常常随着季节和食源的变化而搬家，冬季迁到背风向阳较低的山坡栖息，夏季搬到通风凉爽较高的山坡上。它冬季的洞府修得很舒适，弯弯曲曲可长达10多米，并与几个白蚂蚁巢相通，这样可以把蚁巢中的蚂蚁作为越冬的"粮食"。洞的尽头还有一个较大的幽巢，巢直径2米，铺有杂草，是过冬的"卧室"和育儿室。夏洞较简单，不到一米，有的只有30多厘米，仅栖身而已。穿山甲专吃黑、白两种蚂蚁，偶尔也吃点蜜蜂、胡蜂之类的昆虫幼虫。穿山甲的嗅觉对蚂蚁分泌物的蚁酸特别敏感。一旦发现蚁穴的开口，立即用前爪扒开洞口，向洞内喷气，通过气体的对流，能闻到洞内散发的蚁酸气味，若气味浓烈，说明蚁巢离洞口很近，就继续挖掘；若气味较稀薄，说明蚁巢离洞口较远，只得另辟蹊径。穿山甲挖到蚁巢，用前爪扒坏蚁巢，伸出长舌在蚁巢中横扫，把成串的蚂蚁送入口中。它舌头表面的黏液中含有丰富的碱性，可以中和蚂蚁的蚁酸，所以它的舌头不怕蚁酸灼伤，只需半小时就吃得肚圆。有时穿山甲会给蚂蚁下套，让蚂蚁主动送货上门。它在蚁穴旁躺下装死，一股浓烈的腥臭味从张开的鳞片里散发开来，飘向蚁穴，蚂蚁们闻到气味纷纷出洞，把装死的穿山甲当作大餐蜂拥而上。这时穿山甲便紧缩肌肉，合拢鳞片，把蚂蚁关在鳞片内，跳进池塘，将蚂蚁抖落在水面上，然后伸出舌头细细品尝"战利品"。如果蚁巢中的蚂蚁较多，一次吃不完，它会把蚁穴封存起来，过几天再来享受。

穿山甲平时独居洞中，每年繁殖期才成对地生活在一起。每年4~5月发情、交尾，然后雌雄分开。年底或来年1月产崽，每胎产1~3只崽。幼崽通体浅白色，闭眼，无鳞。雌穿山甲对幼崽十分疼爱，新生的幼崽长到10厘米左右长，雌穿山甲便把它背在背上，随着母体一起活动。幼崽长到1500~2000克才离开母体独立生活。

穿山甲鳞片是一味疗效非常显著的中药材，有通经、活血、催乳、消肿、止痛等功效。有些科学家还利用穿山甲挖土的习性，专门驯养它，让它为人类服务，已取得了非常好的成果。

现在穿山甲越来越少了。我国已把它列为一级保护动物，严禁捕杀和食用。

六十二、浑身清香的树袋熊

　　澳大利亚不仅有引以为豪的大袋鼠，还有令人神往的树袋熊。

　　在澳大利亚生活过的人，提起树袋熊，一定会勾起甜蜜的回忆。在澳大利亚，人们把树袋熊看作友好、吉祥和幸福的象征。亲朋好友之间常常把制作成工艺品或玩具的树袋熊作为礼品，相互馈赠，表示美好的祝愿。另外，在圣诞卡、贺年卡、生日卡上也经常看到印有树袋熊的情形。树袋熊是澳大利亚特别珍贵的树栖动物，也是澳大利亚几乎可以与我国大熊猫齐名的可爱的动物，2013 年被评选为全世界最可爱的动物，排名为第 15 名。

　　树袋熊为什么会受到人们如此喜欢？

　　树袋熊属脊索动物门哺乳纲有袋目袋鼠科的动物，又名考拉、树懒熊。它和大袋鼠是近亲，也是用育儿袋来育儿的。它体形不大，全身长 70 ~ 80 厘米，体重达 10 ~ 15 千克。雄性的体重超过雌性的一半。树袋熊体态臃肿，胖胖的，一副憨厚的样子，实在讨人喜欢。圆滚滚的脑袋，胖乎乎的圆脸，黑黝黝的鼻子光秃秃，大而圆，水汪汪的眼睛炯炯有神。一对半圆形

树袋熊

的小耳朵竖立在头部上方。它的盲肠很长，有 1.8 ~ 2.5 米，是所有哺乳动物中盲肠最长的。它靠盲肠里的微生物来消化桉叶。树袋熊没有尾巴，全身披着一层浅灰色或浅黄色浓密的短毛，既柔软又厚实，胸部、腹部、四肢内侧和内耳的皮毛呈灰白色。它四肢粗壮，尖爪锐利，善于攀岩爬树，能够在相距几米远的树枝间跳来跳去，动作轻巧敏捷，除了猴子，别的动物难以匹敌。

　　树袋熊终年生活在树上，睡觉也在树上，不管狂风暴雨、电闪雷鸣，它都能在树上酣眠，从来不会掉下来。它一天要睡18 小时左右，除了睡觉它还喜欢在树上静坐养神。树袋熊吃的是"素食"，而且是"净素"——它只吃新鲜嫩绿的桉树叶子。在澳大利亚，桉树到处都是。桉树有600 多种，可树袋熊只爱吃其中的不到30 种，由于种族不同，爱吃的桉树品种也不一样。有的只吃玫瑰桉、甘露桉和斑桉树的叶子；生活在澳大利亚南部的喜欢吃多枝桉和蓝桉；生活在澳大利亚北部的偏爱吃赤桉和细叶桉等。树袋熊的胃口很大，每天要吃1 千克左右的桉树叶，它一般是白天躲在树叶丛中睡大觉，晚上才出来，沿着树枝爬上爬下，寻找桉树嫩叶充饥。桉树叶营养成分较低，几乎不含糖和脂肪，连蛋白质也极少，因此树袋熊体内根本没有什么脂肪。常常营养不良，体力不支，这也是它嗜睡、静坐和动作缓慢的原因。但桉树叶中含有桉树脑和水茴香萜，因此树袋熊身上会散发出一种类似薄荷香型的馥郁清香。这种清香能使各种各样的寄生虫远离树袋熊，它的毛皮干净美丽。桉树叶中所含的水分较多，足以供给树袋熊身体每天所需，因此树袋熊也很少饮水，有的甚至终生滴水不进。当地人称它为"克瓦勒"，就是"不饮水"的意思。

　　树袋熊每年夏季交配，孕期一个月左右，每胎产一崽。很少有双胞胎。小小的幼崽只有15 毫米左右长，体重不到3 克。全身无毛，眼睛紧闭，活像一条小爬虫。它的后肢未完全发育，靠着前肢慢慢地爬进妈妈的育儿袋里。袋里有2 只奶头，只要幼崽咬住一只奶头，就不会脱落，每隔2 小时奶头会自动地流出乳汁，供幼崽食用。小树袋熊在育儿袋里发育很快，

5～6个月后，幼崽长到16厘米长，浑身长满了毛，幼崽仍然不肯离开妈妈。有时，小树袋熊顽皮地离开育儿袋，爬到妈妈背上玩耍，直到育儿袋装不下幼崽了，小树袋熊才依依不舍地离开育儿袋，小树袋熊4岁开始独立生活。树袋熊的寿命一般为12年左右。

树袋熊性情温和，不怕人。在澳大利亚野生动物园里，树袋熊喜欢让人们抱着玩，如果你愿意和它摄影留念，可以抱着它拍照，或用嫩嫩的桉树叶喂它。不过，有时它也会发脾气，会很伤心地号啕大哭，哭声和婴儿啼哭很相似，爱哭也是树袋熊的特点。树袋熊经济价值较高，肉鲜美是宴会的佳肴，带有香味的皮毛极为珍贵，在国际市场上价格昂贵。正因为这样，它遭到猎人大量捕杀，现在野生的已经不多了。澳大利亚政府于2022年1月29日表示在未来4年将投入5000万澳元（约合人民币2.2亿元），来保护树袋熊栖息地。随着多种保护措施实施的落实，树袋熊濒危的情况会得到改善的。

六十三、"短跑冠军"猎豹

　　有谁能相信，有一种动物飞速奔跑的速度可以和高速公路行驶的汽车相匹敌？但这是千真万确的事实。这种动物便是猎豹。猎豹奔跑起来时速一般在 120 千米以上，最快的时速可达 145 千米，被称为动物界的"短跑冠军"。

　　猎豹属脊索动物门哺乳纲食肉目猫科中的动物，是世界著名的珍稀动物。它身高 80 厘米左右，身长 140 厘米，体重 50~60 千克。全身披着布满黑斑点的黄色皮毛，吻部、额部、胸腹部及四肢内侧皆为白色。看上去体态苗条轻盈，风度翩翩，与长颈鹿、斑马并称为动物世界的"三王子"。猎豹的眼睛生在正前方，目光炯炯而锐利，可以看清远近的东西。耳朵能转动，对声音很敏感，嗅觉也十分灵敏，周围有什么变化，它能立刻察觉到。它的下巴肌肉发达，牙齿锋利，四肢强健，动作迅猛。在非洲五大动物猎手（狮子、鬣狗、野狗、花豹和猎豹）中排列第二。它生活在非洲东部、中东及印度一些地区的丛林和草原地带。

猎 豹

　　猎豹跑得特别快，与它的体形、身体结构有着密切的关系。它是典型的流线型体形，它有强有力的心脏，硕大的肺部，四条腿细长而且有力，脊柱弹性大，撒开四肢奔跑，跨步很大，步伐之间长度为 6~7 米，频率高，每秒钟 4 步，全身像波浪一样，速度自然就快。猎豹头小，耳朵短，腹部肌肉强劲有力，这样不仅可以减少奔跑时的阻力和重量，还可以加强起跑和途中的爆发力。猎豹起跑后，只要 2~3 秒钟就可达到最快速度，远比其他善于奔跑的动物强。羚羊时速高达 110 千米，但它从起跑达到最快速度需要 10 多秒钟。猎豹还有一条又粗又大的尾巴，长约 75 厘米，在奔跑中，尾巴伸在后面用来控制身体。若要改变方向，只要把尾巴一甩，整个身体就会在惯性力量的作用下，来个急转弯。尽管有尾巴帮忙转弯，但毕竟速度有所减慢，所以不少猎物遇到猎豹追击时，常以锯齿形的线路逃到草丛或小山丘间做不规则的蹦跳，猎豹无法发挥"高速"的特长，无可奈何，只得扑空，饿着肚子悻悻而归。

猎豹最喜欢捕食羚羊和野兔。羚羊和野兔奔跑的速度也是相当快的，前者时速高达 90 ~ 110 千米，后者的时速也达 70 ~80千米。若猎豹正面长距离奔袭，往往难以得手，尤其是羚羊，它的耐力很强，能一连数小时保持时速 110 千米，猎豹的耐力是远远赶不上的。猎豹一般是悄悄地接近猎物，采取迂回战术，从后面或侧面发动进攻，有时埋伏在灌木丛中凝神静气地等待，一旦猎物来到离它 50 米以内的范围，猎豹便突然跳出来，像利箭一样向猎物扑去，猎物一般很难逃脱。捕捉到猎物后，猎豹不马上进食，往往会在旁边休息一下再吃。有时跟在后面的狮子、鬣狗会趁机把猎物夺走。

猎豹的生物钟很灵敏，生活很有规律。通常是昼出夜歇，早睡早起。一般清晨 5 时 30 分左右起身，外出觅食。猎豹的警惕性很高，时不时停下来左右察看一下，就是中午"午睡"也每隔 6 分钟便坐起来，观察一下四周的动静。猎豹每天行走的距离一般是 5 公里，最多走 10 多公里。猎豹食量不算大，每顿吃 9 千克肉食。每天一般捕杀一只猎物，如果吃不完就留作第二天吃。猎豹之间会发出不同的声音进行联系，雌猎豹招引配偶时会发出像鸽子一样"咕咕"的叫声，呼唤幼崽时会发出小鸟一样的"叽叽喳喳"的声音。这大概是它们群内的语言吧！

猎豹的窝大都修建在林深草密处，或沼泽地内，人们难以

发现。猎豹是胎生，一胎一般要生 1～6 只幼豹。幼崽出来
2～3 天才会爬，4～14 天才睁开眼睛，21～28 天才开始取食，
两个月以后断奶，9～14 个月才性成熟。雌猎豹对幼豹很照
顾，一直守卫在身旁。小猎豹一岁后，才能独立生活。现在自
然界中野生猎豹的数量日趋减少，大约每隔 10 年，猎豹的总
数就会减少一半。一方面是人类的大量捕杀，同时生态遭到前
所未有的破坏，猎豹的生活条件越来越差；另一方面是猎豹长
期以来近亲繁殖，使猎豹的繁殖能力和环境适应能力大大下
降。猎豹已是濒危动物了。

六十四、聪明能干的猪

猪谁都见过，猪肉绝大部分人都吃过，带猪字的脏话谁都听说过。但你真正了解猪吗？可以说，绝大部分人对猪不太了解，甚至是误解的。

猪是脊椎动物门哺乳纲偶蹄目猪科，也是古老的杂食类哺乳动物。分为野猪与家猪两类。家猪是由野猪驯化而来的。近年来，在我国广西桂林南部发现一万多年前的甑皮岩洞穴遗址，甑皮岩是原始人狩猎的场所，从洞穴底层清理出 67 头猪的骨骼。经研究证明，这 67 头猪都是饲养一段时期后才屠杀的。也就是说，早在一万年前我们的祖先就开始饲养猪了，我国新石器时代早、中期养猪就普遍了。家养猪和野猪外形基本相同，唯一的区别是野猪耳朵较小，上面有坚硬的针毛，而且直立在头部；家猪耳朵大，紧贴在头两侧，无毛。野猪性情粗暴、凶悍，发起威来，连老虎、狮子都怕它三分，不敢与它恋战；家猪性情温和，一般不发威，很听话。野猪毛皮为黑色，家猪通常有白色、粉色、黑色、棕色和黑白色多种。

猪喜欢拱土觅食，这是它的遗传特性。在没有驯养之前，猪要想吃到植物地下的根和块茎，就需要把土拱开，同时猪要吃一些泥土，泥土里有它需要的钙、铁、磷等矿物质。现在即使在圈里食槽里吃食，也是一边拱一边吃的。一般人都认为猪很蠢、很笨，这是误解。用"笨猪""蠢猪"来骂人更是极不文明的。其实猪很聪明。有人做过试验，给猪做示范动作，如让猪背水、拉车、开门等动作，只要一遍，猪就学会了。狗却要人做10次的示范，才能学会。从一定程度上说，狗的智力远不如猪。有人试着让猪登上马戏舞台表演，或模拟人的动作或做丑态逗人发笑，做得有模有样，可比狗精彩多了。

野　猪

从外表看，猪是很肮脏的，浑身是泥水，尤其是夏天，爱赖在臭烘烘的尿屎泥塘里不肯离开。这仅是表象，其实猪是很爱清洁的，也很讲究卫生。猪生活在2～3平方米的圈里，也把吃食、睡觉、大小便处区分开来，睡觉的地方总是干干净净的，冬天要铺上干草。那些干草，即便度过整个冬季也是干燥的。排泄处一般安放在墙角，尽可能远离"卧室"和"餐厅"。整个冬天，身上也总是干干净净的，没有污水、粪迹。但是到了夏天就不行了，浑身就没有一处干净的地方。这是因为猪皮肤里的汗腺不多，大热天为了散热就爱泡在水里，无奈圈里没有清洁的水，臭水、脏水也只好将就了。于是就有了具有爱清洁的内心与肮脏外表不统一的表象。但这能怪老猪吗？如果在户外散养，任何时候它都是干干净净的。

猪讲究卫生也表现在吃食上。猪的吃食颇讲究，它不喜欢吃的草，决不肯勉强吃下肚去。有人曾把243种蔬菜、野草放在它的面前，它专拣其中72种爱吃的吃，不爱吃的碰都不碰。猪一般是少食多餐，白天进食6~8次，晚上进食1~3次。进食时细嚼慢咽，这也很符合卫生习惯。家猪由于长期的驯养，渐渐变成白天吃食，晚上休息。猪还喜欢吃蛇，对毒蛇有很强的抵抗能力。

野猪一般是白天栖息于山地、丘陵的丛林中，晨昏活动频繁。它们7~8只结群生活在一起，但也有竞争的习性，大欺小、强欺弱和欺生的现象，在猪群中普遍存在。猪一般是冬季发情，妊娠4个月，来年春季产崽，每胎5~8只。家猪没有冻饿之苦，生活安逸，产崽较多，每胎一般为8~12只。猪的寿命平均为20年。

猪的视力和听力都不太强，嗅觉却十分灵敏，鼻子长在长大的尖嘴巴前端，它能够闻出20多米外的猎物。美国警卫队利用这一点把猪训练成"猪警察"，用于毒品的侦查，获得成功。有的国家把猪训练成"排雷工"，让猪用鼻子去排雷，也

获得了成功。猪的鼻子还有防毒的功能。早在 1915 年第一次
世界大战期间，德军与英法联军作战，德军施放毒气，英法联
军损失惨重，当地的家禽家畜几乎无一幸免，唯独猪活得好好
的。原来，猪发现毒气袭来，便及时闭上眼睛，把鼻子插入泥
土中。泥土中的细微颗粒能很好地吸附毒气，猪把鼻子插入松
散的泥土中，就像戴上了天然的防毒过滤器。科学家据此很快
研制出猪鼻式过滤防毒面具，用活性炭代替土粒做成过滤器，
效果更好。猪鼻式防毒面具问世以来，一直被科学家誉为最简
便、最有效的防化工具。

　　猪的肉质鲜美，是人类不可缺少的菜肴；它的皮是制革的
重要原料；它的胆汁是一味中药；它的粪便也是上等的有机肥
料，农作物少不了它。猪还是目前异种器官移植最佳选择对
象，猪的心脏瓣膜已经用于人体治疗，猪的韧带肌腱移植人体
也已经成熟。称猪"浑身是宝"，一点也不夸张。由于生态环
境的变化和人类大规模的捕杀，自然界的野猪数量越来越少
了。我国已把野猪列为二级保护动物，严禁捕杀，野猪面临灭
绝的状况将会迅速改变。

六十五、机智凶残的灰狼

　　在山村或牧区，每当夜深人静的时候，往往会从远方传来一声、两声长长的哀怨而凄厉的叫声，这便是狼嚎。狼虽是狗的老祖宗，然而它不像狗那样讨人喜欢，反而讨人厌恶。譬如以"狼"组成的成语，绝大多数都是贬义的，如"狼狈为奸""狼狈不堪""狼心狗肺""狼贪鼠窃""狼子野心""狼心狗行""狼眼鼠眉""狼吞虎咽""狼奔豕突""如狼似虎"等。这类成语写尽了人间贪婪凶狠的、卑鄙无耻的行径。人们之所以这样厌恶狼，恐怕与狼机警、凶残，伤害家禽家畜不无关系吧？

　　狼属脊索动物门哺乳纲食肉目犬科，又名灰狼、豺狼。狗是由狼长期驯化而来的，所以狼的外形和狗颇相似，不仔细看难以区别。狼的嘴略尖长，嘴巴稍宽阔，牙齿十分锐利，耳朵竖立不曲，胸部略窄小，尾巴下垂。毛色背部多为黄灰色、棕黄色，腹部稍带白色，因此狼俗称为大灰狼。狼的耐力很好，它可以以每小时 8 千米的速度长途跋涉，在追逐猎物时，短时间内每小时达到 57 ~ 60 千米的速度。全世界狼有 36 个亚种，分布于欧亚大陆和北美洲，栖息范围很广阔，适应性很强，但凡山地、林区、草原、荒漠、半沙漠以至寒冷地带皆有狼群在生活。我国除台湾、海南岛外，其他地区都有狼在活动。

狼

　　狼是社会属性较高的动物，狼喜欢群居。通常是一对成年狼带着几个后代组成一个家庭式的小群，一般大小 5～11 只狼。然后由 2～3 个有亲缘关系家庭组合在一起，组成较大的狼群，共同生活在一起。这种群体是以亲缘关系为主导的，它们一般不会接纳外来的独狼。在狼群里等级制度十分森严，分为三个等级。在一个家庭的狼群里，扮演父母角色的成年雄性狼为"头狼"，是最高领导者；雌狼地位仅次于头狼，是第二等级；其他的狼为第三等级。一岁以下的幼狼不在等级之中。头狼在狼群里享有至高无上的权力，决定群里的一切大小事务，比如捕猎、守卫、交配等。头狼死了，一般由处于第二等级的雌狼替补。因为狼群存在严密的社会制度，所以很团结，有强大的战斗力。

狼的感觉器官异常灵敏，尤其是它的嗅觉，在动物界中恐怕也是无与伦比的。狼的鼻子很长，约占整个脸部的三分之二。它的鼻尖上有一块地方不长毛，上面分布着无数个嗅觉细胞，在鼻孔内壁上长着许多皱褶，皱褶上有一层布满嗅觉细胞的黏膜。凭着这些嗅觉细胞，狼能清楚地分辨几十万种不同的气味，而且凡是嗅过的气味，它都能牢牢地保存在记忆中，绝对不会混淆。狗也有这样的本领，警犬就是利用这一点来帮助人类侦破案件，嗅出罪犯的。狼的性格豪爽，是天生的乐观派，除了有能否填饱肚皮的忧虑，其他的一切事情都大大咧咧的，满不在乎，但它异常机警、多疑。它边走边嗅，一旦发现异常的气味便立即停步。猎人想在狼出没的路上埋捕兽器，若稍有疏忽，就会被狼识破。它有时会踏着猎人的脚步，闻着猎人的气味谨慎地前进，逮到它是不容易的。狼是食肉动物，一般吃野兔、旱獭，有时也吃一点昆虫和野果。冬天，野兔进洞，旱獭冬眠，饥饿的狼聚集在一起才会把目光盯住牧人的畜群。它们来到牧人住地，静伏在畜圈附近的深沟里，不时抬头观察周围的一切。一般要等牧人睡着了，它们才开始行动，先由一只狼去引诱猎犬，它突然跳起来靠着夜雾的隐蔽绕过畜圈向远处飞奔而去，守护在畜圈周围的猎犬来不及大声吼叫就追了过去。其余的狼便趁机越过围墙向羊群猛扑过去。狼从后面跃上羊背，然后咬断羊的脖子，直到吃得心满意足了，它们才拖着生俘撤离现场。不十分饥饿，狼一般不伤人。人只要手里拿着绳子，晚上打着火把或开着手电筒，狼就远远地躲开了。狼怕绳子捆，也怕被火烧。在狼群中，狼用嚎叫来互相联络。

狼　群

　　狼本性是很凶残的，但对自己的子女却很慈爱。狼每年1～2月交配，公狼是用凄厉的长嚎来吸引异性的，如果几只公狼围着一只雌狼，公狼便以格斗的方式解决雌狼的归属，获胜者才有资格与雌狼交配。妊娠期约为2个月，每胎产4～7只。繁殖期间，公狼和雌狼生活在一起，共同担负起抚养子女的重任。刚产下的狼崽偎依在母狼的怀里，要吃7周奶，前3周母狼和子女形影不离，公狼外出捕食，吞下很多的肉，回洞后再吐出来给母狼充饥。到了第4周小狼需要吃一点肉，母狼便同公狼一起外出觅食，回来后吐给小狼饱餐。小狼吃饱后便在洞里尽情嬉戏。一般3个月，小狼便长大了，狼"夫妻"

多次带它们外出，教它们各种捕食的生存本领，等到小狼有了自食其力的本领，狼"夫妻"就把小狼统统赶出洞外。尽管小狼不愿离开，其声哀哀，但是狼"夫妻"绝不心软，让它们去组织自己的新家庭。

大灰狼有时也危害家禽家畜，是牧人的对头。但由于长期无节制地捕杀，现在野生狼的数量急剧下降，尤其是欧美地区，许多国家狼已绝迹。我国已把狼列为二级保护动物。全国首个狼生态保护监测站于2020年7月29日在四川若尔盖湿地国家级自然保护区揭牌成立。不久的将来，我国狼濒危的局面将会彻底改变。

六十六、自带"加温润湿器"的高鼻羚羊

在我国新疆地区，生活着一种野羊，奔跑起来非常快，最高时速可达 90 ~ 110 千米，而且耐力好，能维持最高速度连续跑数小时，任何一种动物都比不过它。这种野羊叫作高鼻羚羊。人们称它为动物界的"长跑健将"。

高鼻羚羊又叫赛加羚羊，属脊索动物门哺乳纲偶蹄目牛科。世界共有两种。广泛分布在伏尔加河下游的哈萨克斯坦、我国的准噶尔盆地以及内蒙古自治区西部。高鼻羚羊个子中等，一般体长 1.2 ~ 1.7 米，肩高 75 ~ 80 厘米，尾巴长 7.6 ~ 10 厘米，体重也只有 35 ~ 69 千克。雌羚羊比雄羚羊稍许小些。高鼻羚羊外表最大的特征就如它的名字那样，脸上长着一个大鼻子，不仅膨胀突出，而且相当长，鼻孔向下长在鼻子的最尖端。鼻孔内布满鼻毛、腺体和黏管。每个鼻孔中均有一个特殊的具有黏膜的囊，可使吸入的空气加热并变得更加湿润，以适应高原地区寒冷的环境。可谓自带"加温润湿器"，这种说法一点也不夸张。高鼻羚羊迁徙时，成群结队，一路尘土飞扬，鼻子吸进尘埃后，全都粘在黏膜上，因此大鼻子还具过滤空气的作用。高鼻羚羊的嗅觉、视觉特别灵敏，既可以用

鼻子察知天气的变化，又可以靠眼睛看到一千米以外的敌害。

高鼻羚羊

高鼻羚羊第二个特征就是它的角。雄羊的角长 20～30 厘米，最长达 37.4 厘米，粗 13.3 厘米，两只大角高高直立在头部，呈琥珀色，半透明，有 11～13 个环节。雌羚羊没有角，头上只有两个包块。

高鼻羚羊栖息于荒漠或半荒漠的草原地区。冬季一般是白天活动，夏季主要早晨和黄昏出来觅食。喜欢吃草或低矮的灌木。取食的植物种类相当广泛，包括有些有毒的或含盐碱的物种。高鼻羚羊很耐渴，在吃青草的季节可以长期不饮水，青草中的一点水分，它就足够了，只有在干旱季节它才寻找水源饮水。

高鼻羚羊全身的毛会随着季节的变换而改变颜色。夏天身上的毛呈淡棕黄色，下身是白色，到了冬天，全身的毛变换成白色，只有在背部略带点褐色，这样活动在雪地里就不容易被敌害发现。高鼻羚羊平时结成小群活动，秋季组成浩浩荡荡的大部队向南迁徙，次年春天迁回北方，其行程可达250～400千米。

高鼻羚羊的敌害是狼和金雕。高鼻羚羊凭借着它高速的奔跑来避开敌害。但遇到大风雪或积雪较深时，高鼻羚羊就无法逃脱了，容易受到狼的侵害。高鼻羚羊的繁殖力很强，它的增长率可以高达60%～80%。当年产下的幼崽85%左右都可以繁殖。每年11月，高鼻羚羊发情、交配。交配前，雄羚羊为了争夺雌羚羊，开展激烈的斗争。胜利者得意扬扬，雄羚羊一次能够与四只雌羚羊交配，使之怀孕。妊娠期约5个月，通常每胎生1～3个崽。半个小时左右幼羊便能站立，6个小时以后母亲就能带着它奔跑。8个月幼羚羊长得和母亲一般大，它与母亲和其他几个兄妹组成"家庭"，在一起生活。到了秋天，会合到羚羊群中去，集体向南迁徙到食物丰富的地方过冬，春天又分散成一个个小家庭迁回北方。

高鼻羚羊的角是一味珍贵的中药材。壮年时，角质透明，晶莹如玉，药效最好，有滋肝润肺、镇惊止痉、明目清热的奇效。高鼻羚羊的肉味香美，是筵席的佳肴，长期以来遭到大量捕杀，在许多地方已濒临绝迹，我国已把它列为一级保护动物。从20世纪40年代开始，我国新疆就难见高鼻羚羊的倩影了。我国甘肃、新疆成立了高鼻羚羊的饲养地，为恢复野外种群进行实验和研究。

六十七、"六不像"的神秘奇兽羚牛

"四不像"的动物已有所耳闻，"六不像"的动物谁听说过？

"六不像"的动物确实不大听到，更难见到。除我国动物园有少量展出外，全世界只有三家动物园饲养，总共不超过5只，相当珍贵。这种动物便是羚牛。乍看起来似牛，其实它是羊，故名羚牛。

羚牛属脊索动物门哺乳纲偶蹄目牛科是古老的孑遗种类。它是世界上公认的珍贵的动物。它介于绵羊和牛之间。体形高大，体长一般为 1.7～2.2 米，肩高 1.1～2 米，体重一般为 230～350 千克，最大的可达一吨。它庞大的脊背隆起像棕熊，两条倾斜的后腿像斑鬣狗，四肢粗粗像家牛，绷紧的脸部像驼鹿，宽而扁的尾巴像山羊，叫声也似羊，两只角长得像角马。它似乎是六种动物特点的综合物。雌、雄羚牛都有角，角一般长 20 厘米。它 2 岁的时候角是直的，到了 3 岁，开始扭转，从角基部向上又向外弯，角尖向内，构成扭曲的形状，然后扭向后上方。所以，它又名"扭角羚"。

羚 牛

　　羚牛有三种不同的基本体色：深棕色，称为喜马拉雅羚牛，国外产于缅甸、不丹、印度、尼泊尔。它是不丹的国兽，在不丹被叫作"塔金"。我国主要分布在西藏东南部、云南北部、四川西部。二是浅黄色，在腿、胁、背、臀部分布灰黑色的斑纹，称为四川羚牛，主要产于四川西部、北部和青海南部。三是金黄色，没有一点杂色，是羚牛中最漂亮的一种，称为金毛羚牛，主要分布在陕西、甘肃南部的秦岭和岷山上，所以又可称作秦岭羚牛。三种不同的体色是羚牛三种不同的亚种。三个亚种体色虽不同，但它们的吻部连带鼻周围和嘴都是黑色，其中有一些白毛，额部和眼睛周围却呈浅棕白色，颌下和颈下长着胡须一样的长毛，所以当地人称它为"白羊"。

　　羚牛是高山动物，通常生活在 2500～4500 米的高寒地区，喜欢栖身于山势陡峭、树木茂密、多石崖和沟涧的地区。白天藏在竹林或灌木丛中休息，清晨或傍晚出来觅食，它们往来于群山之中，纵横于悬崖峭壁之间，如履平地。它怕热不怕冷，所以夏季它居住在山上，冬季降雪时，它搬到低处住宿。

羚牛还有一个怪癖，夏季过着群居的生活，一般20～30只，多的时候可达50只，生活在一起，由一只雄性的成年的羚牛当首领。在行进中，队伍很有纪律，"首领"走在前面，健壮的公羚牛走在队伍的前面和后面，队伍中间是母羚牛和幼羚牛。一旦遇到异常情况，用"哞哞"的叫声发出信号，群体或"撤退"或准备应战，皆由"首领"决断。如果应战，"首领"身先士卒，冲在前头。可是到了冬季，又各自分开，变成2～3只的小群体。大概是用化整为零的办法来对付冬季的饥饿的吧？羚牛和山羊一样，食性很广泛，到嘴边的植物都吃，几乎到了无所不吃的程度。冬季和初春，它吃竹叶、常绿的杜鹃花、苔藓、松树，吞食从雪地中伸出来的马尾草等。到了4月，大地一片绿色，羚牛便可以开怀饱餐，尽情地享用各种各样新鲜的美味。羚牛还爱舔舐天然的盐块。

羚牛没有什么自然敌害，凭借它那强壮的身躯和力气，可以随心所欲地赶走前来争食的毛冠鹿、麝鬣羚和其他有蹄动物。别看羚牛体态臃肿，步态蹒跚，嗅觉却很灵敏，发生紧急情况，动作十分敏捷，它能轻松地跃过2.4米高的树尖，或者用前腿、胸膛去对付一根挡在前进路上碗口粗的树木，把树木折断。

羚牛每年7～8月发情交配。为了争夺雌羚牛，雄羚牛之间常常开展激烈的生死搏斗，口鼻几乎低垂到两腿间，双角直冲情敌，同时发出嗷嗷的嗥叫，经过几个回合的争斗，如一方败逃，获胜者也不追击，如果双方势均力敌，争斗更为惨烈，常常会造成头角脱落，鲜血淋漓。获胜者获得雌羚牛的爱，双双进入深山密林，秘密地去"度蜜月"。雌羚牛怀孕9个月，次年3~5月产崽，一般一胎产一崽。幼崽出生3天就能跟着雌羚牛到处活动。羚牛的平均寿命为12~15年。

羚牛的角也是珍贵的药材，能平肝息风、清肝明目、散血解毒。

羚牛处于濒危状态，国际自然保护联盟把它列入世界濒危保护动物，载入特别保护的"红皮书"。我国把它列入一级保护动物，尤其是金毛羚牛，至今还没到国外展览过。我国在四川北部的喇叭河和陕西的柞水建立了两个羚牛自然保护区。另外，我国建立了12个大熊猫自然保护区，金毛羚牛和四川羚牛常和大熊猫分享着领地的自然风光。由于我国保护措施得到有力的落实，目前羚牛的数量不断上升。据估计，1990年我国各个自然保护区共有21200只羚牛。据报道，自2020年以来，先后在湖北十堰、甘肃尕海、高黎贡山等地发现野生的羚牛。

六十八、"四不像"的麋鹿

　　我国有一种动物十分珍贵，几乎可以与大熊猫相媲美，而且享誉世界的时间远比大熊猫早。这便是麋鹿。

　　麋鹿是脊索动物门哺乳纲偶蹄目鹿科的动物。历史上麋鹿共有5种，现存为达氏种。麋鹿体形高大，体长1.7～2.5米，肩高1～2米，拖着一条长长的尾巴。雄性麋鹿的尾巴约75厘米，而雌性麋鹿的尾巴较短，一般为60厘米。尾端生着丛毛，下垂到脚踝。体重可达120～250千克，雌麋鹿无角，身体娇小，体重约100千克。麋鹿的头似马，但脸比马长。它的角似鹿，但没有眉杈，主枝分为前后两杈，每杈又分成两小杈。这种"一分为二"的角型是别的鹿所没有的。它的颈有点像骆驼，但没有骆驼大。它的蹄子有点像牛，但没有牛粗壮。它四肢较粗短，脚有四蹄，中间一对主蹄粗大似牛蹄，两侧较小，都能着地，走起路来"嗒嗒"有声，威风凛凛。由于麋鹿的相貌古怪，它和四种动物既像又不像。因此，人们便称它是"四不像"。麋鹿全身毛色背部深腹部浅，冬季灰棕色，很稠密；夏季变成红棕色，较稀疏。

　　麋鹿喜欢水，擅长游泳，常年生活在水草丰茂的沼泽地区和河塘、湖泊的岸边。它常在水中站立、跋涉，在隆冬季节也不例外。它爱吃青草、苔藓、树叶和水生植物。它不怕冷，喜欢在雪地里、冰地上奔跑，渴了嚼冰凌，累了就躺卧在泥水中。

麋鹿平时性情温顺，一般不攻击人。但在夏末秋初发情期间，雄麋鹿常常为了争夺雌麋鹿发生格斗，但也较温和，没有激烈的冲撞和大范围的移动，角斗时间一般不超过10分钟，失败者掉头走开，得胜者也不追赶，很少造成伤残。这一点也说明，它们对付敌害的能力较差。它们自然繁殖能力也较低，雌麋鹿怀孕期比其他鹿类都长，一般要9个半月，次年5月才生产，每胎一崽，初生崽毛色橘红，并带有白斑，体重12千克左右。小麋鹿二岁开始长角，分权，6岁时权角才发育完全。寿命一般为25年。

麋 鹿

麋鹿的茸、角和骨都是珍贵的中药材。《本草纲目》中记载："麋之茸角补阴，主治一切血症，筋骨腰膝酸痛，滋阴益肾。"这也是人类大量捕杀，使之灭绝的一个原因。

麋鹿和大熊猫一样是我国的特产。科学家根据地下化石考证，几万年前，麋鹿广泛分布在黄河、长江中下游一带，它们十分喜欢温暖湿润的沼泽水域，甚至喜欢接触海水，衔食海藻。3000多年前的商周时代还很繁盛，数量达到上亿头。在殷墟就发掘出1000多头麋鹿的化石，汉朝以后就逐渐减少了。到了清朝康熙、乾隆年间（公元1662—1795年），就只有在皇家的御鹿场——南苑中驯养了一批。到了19世纪末，南苑中还有120多头。法国传教士阿尔基德·大卫神父对动物颇有研究，1865年，他在南苑看到麋鹿时非常惊喜，用20两纹银买通了内侍弄到两张毛皮标本，寄给巴黎自然博物馆，并撰文向全世界介绍，在世界上引起轰动。接着，各国生物学家纷纷前来，明抢暗夺，陆陆续续盗运数十只麋鹿到巴黎、柏林等动物园展出。1894年，永定河决口，洪水冲破南苑围墙，逃出来的麋鹿被灾民吃掉不少。1900年，八国联军侵入我国，最后一批为数不多的麋鹿遭到厄运，有的被杀戮，有的被装上西去的轮船，被迫离开了祖国，流落他乡，从此麋鹿在国内绝迹。流落在异国的麋鹿不久也相继死去。只有英国贝福特公爵私人别墅乌邦寺动物园里的麋鹿生长良好，繁殖迅速。1948年，增加到255只，1967年发展到436只，开始向各国输出。1982年，国外共饲养麋鹿1320只。1956年和1973年，英国伦敦动物学会先后赠送我国4对麋鹿。1986年，国际自然和自然资源保护同盟、世界野生生物基金会又从英国无偿获得39只麋鹿。这批麋鹿全部被运送到江苏大丰麋鹿保护区。这是我国建立的第一个麋鹿自然保护区，散养面积约15000亩。1980年1月，这里曾挖掘出100多具麋鹿化石，早在25000年前麋鹿的祖先曾生活在这里。这里的气候、地理条件完全适合麋鹿生活。就这样，背井离乡的麋鹿经过半个世纪才回到了老家。到了2020年，我国种群数量已达8000多头，已有24个省份引进麋鹿，饲养点和放归地点共有81个。1998年5月开始逐渐对麋鹿野生放养。更可喜的是，2003年3月3日，一头纯野生麋鹿在我国大丰诞生，这是一百多年来全球首头纯野生麋鹿。

六十九、"潜水冠军"海豹

　　大海有许多动物外形像鱼，而且能像鱼那样在大海中自由自在地游弋，但它们其实不是鱼，而是在海洋中生活着的哺乳类动物。它们是用肺呼吸的。它们潜水时间不能太长，如海牛、海象、海马、海豚等，每隔数分钟便要浮到水面上来透透气。在水下的时间要数海豹最长。产于我国的斑海豹，可以深入水下100米处，持续时间达23分钟。南极的威德尔海豹可以潜入水下600多米，持续43分钟。没有哪一种海兽能超过这样的纪录。所以称海豹为"潜水冠军"，还是名副其实的。

　　海豹属脊索动物门哺乳纲鳍脚目海豹科。全世界共有12属19种，分布地区很广，全世界各大洋都是它们活动的天地，而以北半球高纬度地区为最多，南极和温带海域较少。我国渤海和黄海沿岸一带，如辽宁、山东等省也有海豹的踪影。海豹全身像一枚鱼雷，胖墩墩的纺锤形身体，没有明显的突起和凹陷。全身披着短毛，背部蓝灰色，腹部乳黄色，带有蓝黑色斑点。圆圆的头上长着一双又黑又亮的眼睛，鼻孔是朝天的，嘴唇中间有条纵沟，长着长长的胡须。四肢短而宽，紧贴着躯干，均呈鳍状。后肢和尾巴连在一起，尾巴短小扁平。前肢非常灵活，能划水，还能抓住猎物进食，甚至能抓痒痒，像人类的手。皮下有厚厚的脂肪，与皮肤结合在一起组成柔软层。这样不仅可以保暖，不怕寒冷，还可以在快速前进中对产生的漩涡流起到缓冲作用。海豹的鼻孔和耳朵里，都生有活性肉瓣，能随着海豹出水入水自由开合，防止海水浸入体内。

海　豹

　　海豹的大小差异很大。最大的要数生活在南太平洋、南极的象海豹，雄性体长6米，体重达4000千克，仅鼻子就有30厘米长。产于我国斑海豹较小，体长1～1.5米，体重仅50千克。海豹一般浮在水上睡觉。只有在交配、产崽、育崽在沿岸的岛屿或冰块上，其余时间全生活在海洋里。

　　海豹擅长游泳，每小时可游27千米。这是与它长期形成的适应性和身体的特殊构造有关。一般哺乳动物潜水时所需要的氧气是储存在肺里的，用完后一定要出水换气，否则会憋闷而死。海豹的氧气除了储存一部分在肺里，还储存在血液里。海豹的血液特别多，人类的血液只占体重的7%，海豹却占到

18～20％，而且海豹对二氧化碳的忍耐能力也特别强。海豹在潜水时，心跳频率每分钟为 100～150 次，可是潜到水底，心跳最低降到每分钟 10 次，耗氧量只有平时的 1/5。至于肾脏等其他器官，便停止活动，不需要供应血液，不需要损耗氧气。正因为这样，海豹潜水时间就特长。

海豹的视力很好，水下的东西看得清清楚楚，但到了夜晚或到了海底，四周漆黑一团，海豹的眼睛不起作用了，它便发出每秒钟振动 3 万次的超声波，嘴巴旁排列整齐的硬胡子，把回声波接收下来，通过毛囊里的血液，传递给神经纤维，迅速做出判断，弄清周围情况。在第一次世界大战期间，有人想利用海豹的这种本领去搜索敌人的潜艇，结果因海豹难于进行专业训练而宣告失败。

海豹食量很大。爱吃各种鱼类、乌贼和甲壳类动物，在南半球的海豹还爱吃企鹅。

海豹在春天繁殖。每当春暖花开的时候，海豹便来到陆上或冰上产崽。它们选择好一块地方，在厚厚的雪层下挖一道平行的隧道，这便成了海豹的“产房”，雌海豹在里面生育。刚出生的小海豹全身都是白色的胎毛。雌、雄海豹加上幼崽组成一个“家庭”。海豹对幼崽十分疼爱，雌雄海豹轮流守卫在幼海豹的身边，精心护理，每天要喂 7～8 次奶。海豹妈妈的奶脂肪含量可达 40％～50％，比牛奶中脂肪含量高出 10～15倍，吃这样的奶，小海豹长得膘肥体胖。成群的海豹在岸上晒太阳时，几只雄海豹负责看守海豹群的安全，雌海豹会将幼崽搂在怀中。当敌害来临时，雌海豹立刻抱着小海豹逃入海中。

小海豹半个月后，皮下就形成了一层厚厚的脂肪层，体重随之增加了一倍，胎毛也开始脱落，换上硬而短的粗毛，便跟着妈妈做长途旅行了。一个月，小海豹就学会捉鱼，断奶后便自力更生了。临时的"家庭"也随之结束。

海豹全身都是宝。它的皮可制革，做成大衣、皮帽、皮褥、皮箱等；肉可以炼油；骨骼可以制成针剂，用以治疗风湿性关炎。由于生态环境的不断恶化和人类的大量捕杀，近年来，海豹的数量骤然减少，海豹面临着灭绝的危险。目前，我国已把海豹列为一级保护动物，加倍保护。我们相信，不久的将来，我国海豹将会摆脱灭种的厄运。

七十、"美人鱼"儒艮

听说过美人鱼的传说没有？

古今中外对于美人鱼有着许多美丽的传说。安徒生童话《海的女儿》就是直接描写美人鱼的故事，荷马史诗《奥德赛》中也有对美人鱼的描绘。我国古书《山海经》中将美人鱼称为"鲮鱼"，说这种动物生活在海里，既像人又像鱼。东晋史学家干宝在《搜神记》中称美人鱼为"鲛人"，这样描写道：

"南海之外有鲛人，水居如鱼，不废织绩。其眼泣，则能出珠。"

儒 艮

我国山西太原的晋祠现在还有美人鱼的塑像：上半身是裸体的美女，下半身是鱼身、鱼尾。据传说，美人鱼经常在月明之夜，半立在水中，怀抱婴儿哺乳。许多传说中都把美人鱼描写成天仙般的美丽、端庄和善良。

其实，真正的美人鱼并不漂亮，外貌十分不雅观。美人鱼属海洋哺乳动物，是海牛的一种。目前世界上仅有4种，我国广东、广西、海南等沿海带有一种美人鱼，学名叫儒艮（gèn）。儒艮虽说属海牛，但既没有牛一样尖锐的角，也没有牛那样粗壮的四肢，但也一点不秀气，除外翻的嘴唇有一点像牛外，与牛毫无相似之处。据科学家考证，它与陆地上的大象倒有一定的渊源关系，属同一个祖宗。

儒艮身体呈纺锤形，身长 2.5～4 米，体重 300～400 千克，有的甚至重达 5000 千克。它头小，可是头骨厚，有人一样的脸，上嘴唇似马蹄形，有鼻子，有眼睛，眼睛较小，眼后有小耳孔，无背鳍。全身棕褐色或灰色，几乎无毛，只有嘴巴周围有些稀疏的胡须。儒艮用肺呼吸。它的鼻孔很特别：鼻孔有活门，鼻孔露出水面时活门打开，让空气进入；儒艮潜入水里，活门就关闭，不让水进去。儒艮的前肢呈浆状，没有指甲，后肢退化、消失。它身上有一层厚厚的脂肪层，但抗寒能力较差，它生活在 22℃ 以上的水里。若生活地区水温突然下降到 19℃ 以下，要不了几天，儒艮就可能患上感冒或肺炎，重者还会死亡。儒艮性情温和，与任何动物都能友好相处，这一点有点像大象。

儒艮喜欢成群生活在一起，常常以 2～3 只组成家族小群体，在一起活动，多的时候也有几十只在一起。天生胆小、害羞，只要稍微一点惊吓，立即逃跑，动作不快，一般每小时游4千米，逃跑时最快速为每小时10千米。它们一般在离岸20米处活动。它喜欢生活在20～40米深、阳光充足的浅海滩港湾里。那里水草丰富，儒艮爱吃海藻和水草，一般1～2分钟浮出水面呼吸，也可潜水8～10分钟。有时它们随潮水进入河口，饱餐一顿后又随退潮回到海中。一只儒艮每天要吃掉45千克以上的食物。吃食时一面咀嚼，一面不停摆动着头部，这一点很像牛。饱食后，常伏在礁石丛中休息，很安静。

雄性儒艮9～15岁性成熟，雌性儒艮在10～17岁时怀第一胎。每胎产一崽，妊娠期11个月。幼崽体长为1～1.5米，体重约20千克，幼崽哺乳期18个月左右。雌性儒艮的胸脯处有一对拳头大小的乳房，与人的乳房位置相似，哺乳时一对偶鳍将幼崽抱在胸前，半躺在水面上喂奶，幼崽吃奶时鼻子露在外面。儒艮哺乳的样子和传说中的美人鱼很相似，恐怕就因为这样，才把"丑八怪"的儒艮冠以美丽动人的名字的吧？

儒艮的肉和猪肉一样鲜美，皮可以制革，脂肪可以做润滑剂，还是名贵的药材，有温肺散寒、健脾益气的功效。

由于环境的污染，外加人类大量捕杀，儒艮越来越少了，我国已列为一级保护动物，并在广西北海英罗和大风江口之间沿岸海域，建立了广西壮族自治区合浦儒艮自然保护区，加以保护。国际上也把它列为保护动物，严禁捕杀。在我们共同努力下，"美人鱼"一定不会灭绝的。

七十一、人类的"好朋友"海豚

　　动物界要数海豚最有仁义了。新闻界多次报道海豚助人为乐的感人事迹。如在 1988 年，南非东海边三位男子因翻船而掉进大海里的鲨鱼群中，情势十分危急，但不可思议的是，几只海豚赶走了鲨鱼，把他们一个个护送到岸边。一次印度尼西亚航空公司一架直升飞机在爪哇海上失事，驾驶员落海，也是由海豚赶走了鲨鱼，把他护到海岸上的。更为神奇的是，一个仅 7 个月的婴儿小奇其，不慎从货轮上跌落大海，一群海豚簇拥着护送他整整 150 海里，才把小奇其平安地送到一个小岛的沙滩上。20 世纪，在离新西兰首都惠灵顿不远的地方有一条狭窄海峡，在那里暗礁丛生、水流湍急，常有船触礁，有一只海豚充当义务"领航员"，为过往般只引航，坚持了整整 40 年。这些事迹让人十分感动！据科学家研究发现，这些善行其实都是海豚的本能行为。

　　海豚不是鱼，属脊索动物门哺乳纲鲸齿目海豚科的动物。世界上共有 17 属近 40 种，分布在太平洋、印度洋和大西洋热带海域靠岸一带的海洋里，有时甚至进入内河中生活。海豚全身长 1.2～9.5 米，体重一般为 30～14000 千克。由于种类不同，形体大小差距很大。海豚爱吃鱼和乌贼，有时也吃一些从海轮上抛下的垃圾，所以有时会集群追逐船只。

海豚是潜水能手，能潜到300米的大海深处，而人类一般只能潜到水下20米处。海豚同时也是游泳能手，时速30～40海里，而且能连续游数小时，巧至数天，普通轮船和潜水艇是远远赶不上它的速度。海豚的身体呈流线型，前肢变成胸鳍，尾巴扁平，在游泳时尾巴起到舵的作用。这样的体形，游泳时所受到的阻力较小。海豚的皮肤光滑无毛，皮肤分为角质膜、表皮和真皮三层，真皮部分生有许多中空凸起，好像一根根小圆管子，插在表皮层里，使皮肤富有弹性，也不沾水，游泳时起到消振器的作用。这样，它游泳时受到的阻力便大大地减少了。科学家做过这样的试验：按照海豚皮肤的构造仿制了一张人工海豚皮套在鱼雷模型上，结果这模型在水中受到的阻力比原来减少了60%。另外，海豚胸部、腹部和背部的皮肤肌肉收缩，也会使海豚体表肌肉此起彼伏，呈波浪状，这样也能减少游泳时的阻力。

海 豚

海豚处于睡眠状态，大脑两个半球便可以轮流休息，当右侧大脑半球处于抑制睡眠状态时，左侧的大脑半球便处于兴奋状态，每隔一段时间就交替一次。正因为这样，海豚可以一边游泳一边睡觉，休息与工作两不误。所以海豚终日搏浪，精力充沛，不会感到疲劳。海豚喜欢群居生活，常常是十多只到数百只一起生活，群体内部相互帮助，成员之间很协调。雌海豚5年性成熟，雌海豚怀胎11个月才诞生小海豚。全群围绕着小海豚的出生而忙碌，嗜血如命的鲨鱼将随着雌海豚分娩流血而赶来，群体中的雄海豚立刻挺身而出，往往两只雄海豚同时出击：一个用嘴巴猛刺鲨鱼的腹部，另一只以锐利的牙齿咬鲨鱼的咽喉部，直到把鲨鱼赶跑。初生的小海豚约10千克，占母亲体重的5%，长度为母亲的45%。刚诞生时，母亲和别的雌海豚会帮助小海豚呼吸第一口空气。小海豚吃母亲的乳汁一直到3岁为止。妈妈出去觅食，别的雌海豚会帮着照料小海豚。

海豚绝顶聪明，它在驯兽员的指挥下，一会儿顶球，一会儿钻圈子，动作极其灵活，非常讨人喜欢。海豚大脑很发达，平均脑重1.6千克，人脑均重为1.5千克，猩猩只有0.25千克，从绝对重量来看，海豚排第一。脑重与体重的比例人类第一，2.1%；海豚为第二，1.17%；黑猩猩是0.7%。海豚的大脑皮层非常发达，上面布满沟，远远超过猕猴，也仅次于人类。海豚有自己的"语言"，它能用鼻孔发出30多种不同的声音，用来相互交流：有的像猪的哼哼声，有的像老鼠的吱吱声，有的如狗的吠叫声，还有如啧啧、哨声、咔咔声、嘎嘎声、尖叫声、呻吟声等。每一种声音在海豚的世界里都有一定的确切的含义。因为海豚"语言"的声波，与人类语言不同，人类暂时还没有办法来破译海豚的语言。美国学者贡·勒利经过10年的研究，发现一只海豚在同一时间可以对两只海豚对话，因为海豚在同一时间可以把大脑分成两部分来使用。经过几个星期的训练，海豚竟能模仿人的声音说出 1～10 的数字，更惊奇的是，那只海豚竟能在几秒钟里把这一本领传授给另一头海豚。在这一点上，不能不说海豚是绝顶聪明的。

人们往往利用海豚的聪明来为人类做事。有人训练海豚为照料人工饲养的海鱼，也有人训练海豚参加水下救生，或给潜水员送工具和信件。2003 年美国发兵伊拉克，曾动用海豚参战——让训练有素的海豚帮他们在伊拉克港湾区扫雷，可是没有成功，原因是海豚下水后拒绝执行指令，而是逃之夭夭，大概海豚也意识到这是一场不义之战，不愿意帮忙吧。这令美英联军首领颜面扫地。

由于海洋生态环境的恶化和被人类大量的捕杀，海豚的数量急剧减少，我国已经将其列为二级保护动物，严禁捕杀。

七十二、长江里的"大熊猫"白鱀豚

　　1980年1月12日，渔民在长江洞庭湖口捕捉到一只长1.5米、重60千克的似鱼一样的水兽。谁也不知这是什么生物，于是请动物专家鉴定确认为白鱀（jì）豚。消息一经发出，立即轰动了全世界，各国报刊争相转载。许多生物学者、专家纷纷赶往武昌中国科学院水生物研究所，一睹白鱀豚的芳容。他们一致称颂白鱀豚为中国长江里的"大熊猫"。

　　白鱀豚是我国特有的很古老的淡水鲸，它生活在4000万年前，比大熊猫还古老。人们曾在北美洲的地层里发现100万年前的白鱀豚化石，但活着的白鱀豚谁都没有见过，只在文献资料中存在，如我国晋代郭璞在《尔雅注疏》中就曾对它的形态和习性做过详细的记述："鱀，鱁属也。体似鳣，尾如鱮鱼。大腹，喙小，锐而长。齿罗生，上下相衔。鼻在额中，能作声，少肉多膏。胎生，健啖细鱼。大者长丈余。江中多有之。"这里的"鱁"，就是现在的海豚；"鳣"，就是现在的鲟；"鱮鱼"，就是江豚。白鱀豚突然面世，而且还是鲜活的，怎能不使人振奋呢？1986年3月31日，又在长江里捕捉到一只。前者取名为"淇淇"，后者取名为"珍珍"。它们饲养在武昌中国科学院水生物研究所山影叠翠人工饲养池里。它们是世界上仅存的两头人工饲养的白鱀豚。

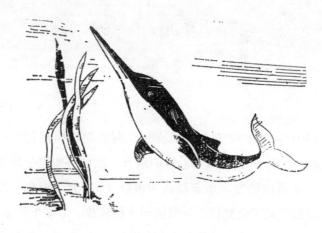

白鱀豚

白鱀豚又名白鳍豚、白旗，是世界上仅存的4种淡水豚之一，属脊索动物门哺乳纲齿鲸亚目水豚科。白鱀豚生活在长江中下游地区——从湖北宜昌到江苏太仓浏河口1600多千米的江段中。它是鲸类大家族中个子最小的成员，体长约1.5～2.5米，体重60～230多千克。它的嘴巴很大，吻尖略向上翘，约有30厘米长，嘴里有132～144枚牙齿。头是圆圆的，脖子短短的，头顶偏左边，有一对长圆形的鼻孔，呼吸时头部先出水，喷出的水花不高。它整个身躯呈纺锤形，体态矫健优美。背面青灰色，腹部白色，在阳光下闪烁着光耀。腹部的前方有两片掌形的胸鳍，是由前肢演变成的，后肢已经退化。背上有低低的三角形背鳍，最后是扁平的尾鳍，左右分叉，这是白鳘豚掌握平衡和滑水的工具。在一泻千里的江水中，白暨豚靠着背鳍、尾鳍和平展成水平的两翼，利用尾翼上下摆动，就能自由自在地漂游。白鳘豚的全身表皮富有弹性，这种表皮能够消除身体周围的湍流造成的阻力，提高了游泳的速度。白鳘豚平时每小时游 10~15 千米，遇到紧急情况每小时可游 60 千米，速度惊人，连鱼雷也相形见绌。白鳘豚长期生活在浑浊的江水中，眼睛早已退化，只有绿豆一般大，基本上视物不清。耳朵更小，似针眼，而且闭塞不通。但它的感觉灵敏，能迅速发现 10 多米外喜食的小鱼，箭也似的冲过去，用长吻悄然无声地把小鱼叼在嘴里，小鱼还没有反应过来，就已经被它一口吞下肚去了。白鳘豚完全是靠它的回声定位系统来了解周围世界的。在头部离鼻子不远的地方，有一个独特的发声器，发出的声音遇到外物反射回来，通过耳朵附近的特殊的"接收器"，将周围几十米范围内的回声，迅速传入大脑中，经过处理，便能正确地判断对方目标的远近、方向、形状，甚至能辨别出对方物体是属于哪一类物质，是食物便立刻攫取，是敌害就迅速避开。白鳘豚喜欢成群结队地生活，通常是 4~10 头，最多 16 只一群，成对地一起在水深湍流处游泳，一起捕食。有时遇到敌害来袭被冲散了，便用高频率的声音同远在几千米、几十千米外的白鳘豚联系上，然后又群居在一起。

白鳘豚生性耐寒。常年生活在江河的深水区，很少靠近岸边和船只，但有时在晨昏时游弋至浅水区，追逐鱼虾充饥，有时也捕食昆虫，吃一些水草。它的食量很大，每天吃的食物总量，要占体重的 10%~12%。虽然有尖锐的牙齿，可它懒得咀嚼，只管张口吞下，把食物交给消化能力很强的胃。

白鱀豚的外形如鱼，但它不是鱼。它没有鳃，用肺呼吸，每隔 10~30 秒，最长不能超过 135 秒钟就要浮出水面，用头顶上的气孔呼吸空气。它一刻不停地游动，连晚上也不休息。原来，它的大脑很发达，一只 95 千克的雄豚，大脑就有 470 克，与大猩猩、黑猩猩的脑容量差不多，而且它与海豚的大脑一样，大脑两部分轮流休息，半边工作半边睡觉，互相配合。所以白鱀豚不仅聪明，而且永不知疲倦。成年雌性每年 3~6 月和 9 月~11 月为两次发情、交配期，妊娠期为 10~11 月，在来年 2~4 月产崽。每两年繁殖一次，每胎产一崽。小白鱀豚吃母亲的乳汁，哺乳 8~20 个月。幼崽 4~6 岁才算发育成熟，白鱀豚寿命一般为 20~30 年。

白鱀豚是研究鲸类进化的珍贵"活化石"。它对仿生学、生理学、动物学和军事科学等都有很重要的科学研究价值。世界上许多国家同我国建立了较固定的研究白鱀豚的联系，法国、瑞士等国家的科学家多次专程来我国观察白鱀豚，有的外国科学家还愿意出重金购买拇指那样大的白鱀豚的皮。但由于历年来大量捕捉和水中爆破治理航道等工程，给白鱀豚的生存带来危害。据 1986 年科学家反复检测，长江里共有 42 个白鱀豚群体，约 300 只左右。白鱀豚已处于灭绝的危险境地。我国早已将白鱀豚列为国家一级保护动物。就目前来说，抢救保护白鱀豚比保护大熊猫更为迫切，更为重要。

七十三、海洋中"巨人"鲸鱼

　　鲸俗称鲸鱼，是海洋中的"巨人"，也是当今地球上最大的动物。如蓝鲸，体长可达 33 米左右，体重约 190 吨，相当于 35 头大象或者 1000 头大公牛重量的总和。单单它的舌头就重 3 吨，肺重 1.5 吨，仅全身的血液就重 9 吨，心脏重 600 ～ 700 千克，肠子长 250 多米。它的嘴张开来，10 个成人便可以自由进出。它的体力相当于 1700 马力，与一台火车头的力量差不多。

　　鲸鱼的外形和鱼没有多少差别。身体呈流线型；尾巴宽阔扁平，在水中自由灵活地摆动，既是前进的动力，也起到方向舵的作用；身上有鳍而无四肢。但它绝不是鱼而是兽。属脊索动物门哺乳纲鲸目鲸科。鲸鱼的种类繁多，目前已知有 90 种，大小悬殊很大，大的如蓝鲸、抹香鲸，小的如智利的驼背鲸，身长只有 1.35 米左右。鲸鱼可分为两大类：须鲸和齿鲸。前者体形大，种类较少，只有 15 种；后者种类多，有 75 种，除抹香鲸外，体形都较小。鲸鱼生活在世界各地的海洋中，我国也是产鲸鱼的大国，共有 11 科 30 种，占全世界种数的三分之一。

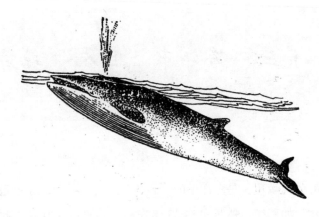

蓝　鲸

　　鲸鱼是一种非常怪的动物。它的祖先原先生活在大海里，大约在3亿年以前，鱼类中有一支登陆，发展成两栖动物，又经过爬行类进化到哺乳类动物。在4000万～5000万年前，由一支陆生偶蹄目重新返回大海，逐渐演变为鲸。从陆地返回海洋，生活环境彻底改变了，鲸鱼必须从身体各个方面进行改造，以便适应新的环境。首先是体形变化。整个身体向鱼的形态靠拢、颈、椎紧密结合，使头和躯干相连；前肢变成鳍，后肢退化；尾巴变成水平尾鳍；鼻孔由吻端移到头顶，以便游泳与呼吸。其次，全身的毛退化，皮下脂肪层大大加厚，而且体腔内也积累了较多的脂肪。这样不仅增加了身体的浮力，而且容易保持身体的恒温。最后，嗅觉、视觉也有所退化，听觉和触觉发达起来。鲸鱼是靠回声来定位来寻找食物的。它在水中发声，然后按回声的大小来判断对方与自己之间的距离。人类发明声呐就是依照鲸鱼回声定位的原理来制造的。鲸鱼和哺乳类动物一样，没有鳃，用肺呼吸，肺左右各一叶。鲸鱼一般半小时右右，就要回到水面上来呼吸，有的短短十多分钟就要到水面呼吸。每当鲸鱼浮出水面时，先把肺中积聚的大量废气排出来。数千升气体从鼻孔中急速挤压出来，便形成高速气流，并伴随着巨大的声响。从鲸肺中呼出的湿气一遇到冷空气就凝结成许多小水滴，形成柱状雾气。这种现象叫作"喷潮"或"喷水"。各种鲸鱼喷出的水柱高低、形状各不相同。蓝鲸喷水柱最高，可达 9～12 米，在大海上很远就可以看到。如果数十条鲸鱼聚集在一起，同时喷水，那场面肯定非常壮观。鲸鱼睡眠的时间不固定，如果遇到大风大浪，它们一般不睡，等风平浪静后，便由一条雄性鲸鱼把"家庭"中的所有成员聚集在一起，以鲸鱼的头部为中心，互相依偎着，呈放射状，漂浮在海面上睡觉。

鲸鱼的潜水本领很高，可以在水下潜游数十分钟，这是其他水生哺乳动物无法比拟的。那是因为：第一，鲸鱼的肺活量大，最多可容纳 14000 升空气。肺泡中有肌肉和丰富的毛细血管，当鲸鱼潜水时，这些肌肉把肺泡内的空气封闭，防止巨大的压力把气体压入血液。当鲸鱼从水底急剧上升时，也不会在血液中出现气泡而影响循环。第二，在鲸鱼的体腔里，还有许多贮气囊，其容积和肺相近，也可以储藏大量空气，有辅助呼吸的作用。第三，心脏跳动也改变。当鲸鱼潜水时，心脏跳动变缓，每分钟才 10 次，比平时降低一半，含氧的血液主要供应大脑等重要器官，身体的耗氧量迅速下降，接近零。鲸鱼血液中的红血球也比陆地哺乳动物多一倍，它肌肉中还有许多肌球蛋白和血红蛋白，它能使鲸鱼血液携氧量大大增加。由于以上三个原因，鲸鱼能较自由地在水下生活较长的时间，如抹香鲸可下潜到 2000 多米深的海域，可以憋气 1~2 个小时。

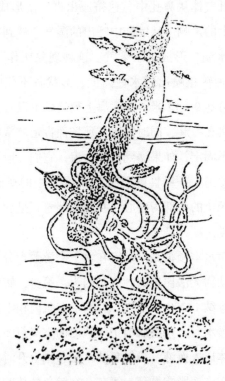

抹香鲸捕食乌贼

　　鲸鱼是胎生，这也是哺乳动物的重要特征。鲸鱼的妊娠期较长，一般为 11~16 个月，每胎产一崽，产于水中。一生下来就被雌鲸鱼推到水面呼吸，雌鲸鱼也浮到水面给幼崽喂奶。雌鲸鱼生殖孔旁有裂缝，乳头藏在里面，靠肌肉收缩把奶挤进幼崽的口中。经过 24 小时的喂奶，幼崽的体重就可以迅速增加 100 千克，平均每分钟增加 75 克。蓝鲸的幼崽经过 7 个月哺乳，体重可达 3 吨左右，体长可达 16 米。一般长到 5 岁，鲸鱼才算成年。寿命一般为 20～30 年。

媒体经常报道鲸鱼集体"自杀"事件。如 1911 年，在珀金斯岛的沙底海滨浴场上，37 头鲸鱼自杀；1966 年，120 头鲸鱼在菲律宾群岛的海岸上自杀；1970 年 1 月 11 日，在美国佛罗里达半岛有 150 头鲸鱼死亡，救护人士全力抢救，把它们送归大海，但它们仍固执地返回沙滩死去。为什么会发生如此惨烈的事情？科学家经过多年的努力，仍众说纷纭。一般人认为与鲸鱼集体生活有关，开始是一头鲸鱼误入浅滩，受到生命威胁，于是就发出求救信号，群体中其他鲸鱼，纷纷赶来救援，结果自己也陷入了灭顶之灾。鲸鱼没有思维意识，只是依靠本能的驱使，结果形成连锁反应，最后致使整个鲸群遭难。这是比较令人信服的解释。但是否真是这样，还有待科学家进一步探索。

鲸鱼浑身是宝。它的脂肪可制造肥皂，也可以供医药和工业用；鲸鱼的肉营养丰富；鲸鱼肝含有大量维生素；抹香鲸鱼肠内的龙涎香，是高级香料；鲸鱼的骨，可以提炼胶水；鲸鱼的血和内脏器官是优质肥料。正因为这样，鲸鱼一直遭到人类的捕杀，由于长期过量捕杀，导致现在数量锐减。现已被列为国际保护动物，我国已把布氏鲸列为一级保护动物，其他的鲸均被列为二级保护动物，严禁捕杀。

七十四、吃苦耐劳的野骆驼

　　许多人都看到过家养的骆驼，任何一个城市的动物园里都会有家养的骆驼，但家骆驼的老祖宗野骆驼有多少人见过？恐怕不会太多吧？因为世界上只有我国北京动物园里有一只野骆驼供人们观赏过。

　　野骆驼是脊索动物门哺乳纲偶蹄目骆驼科的一种反刍动物。野骆驼曾存在于世界上很多地方，可是到了 21 世纪，仅有蒙古西部和我国西北还能见到它们的身姿，别的地方早已灭绝了。最早驯养野骆驼是俄罗斯和沙特阿拉伯，已经有 5000 多年的历史了。我国也早在殷商时代就有驯养野骆驼的记载。因为野骆驼最能吃苦耐劳，人们就把它驯养成沙漠中的运输工具。野骆驼的外貌和家骆驼完全一样，只不过它一直生活在恶劣的自然环境中，没有家骆驼丰满漂亮罢了。野骆驼体形高大，体长 2.2~3.5 米，肩高 1.6~2 米，体重 450~690 千克。体色从金黄色到深褐色不等。它冬天颈部和驼峰丛生长毛。它高昂着像羊那样的小小的脑袋，细长的腿，跨着肥硕的蹄子，走起路来不紧不慢，从容不迫，完全是一副"绅士"的派头。

　　野骆驼长期在荒漠中生活，渐渐练就了过硬的生存本领。

野骆驼四肢健壮，脚掌上长有一层厚厚的海绵状的胼胝垫，在沙漠中行走富有弹性，不会硌脚，也不会陷入沙堆中。夏季沙漠气温高达71℃，野骆驼照样在沙石上行走自如。野骆驼的眼睛长着浓密的眼睫毛和可以灵活开合的双重眼睑，随时随地防止飞沙进入眼睛。耳孔内也布满绒毛，似"卫士"一样阻止飞沙吹进耳朵。野骆驼还有一身厚重的皮肤，上面长着较长的体毛，既能减少烈日的辐射，又能抵御寒风侵袭，在昼夜温差剧烈中，它始终维持着恒定的体温。野骆驼的胸部、肘部和膝部等7处地方长着厚厚的角质垫，耐磨、隔热、保暖，野骆驼跪下来休息，接触沙石也不会受伤。

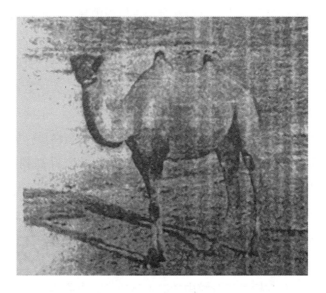

野骆驼

野骆驼和家骆驼一样，具有耐饥饿的特殊本领，在沙漠中

最多可以一个多月不进食，也不饮水。野骆驼长期在恶劣的坏
境中生活，它身体各方面为了适应这样的环境，渐渐起了变
化。首先，野骆驼有一个很大的鼻腔，里面有丰富的黏膜，黏
膜的面积竟有 1000 平方厘米，比人类的大 800 多倍。当沙漠
中干燥的空气吸入鼻腔，黏膜会渗出水分湿润空气；反过来，
当身体里的废气由肺里呼出，经过黏膜时，黏膜会把 68% 的
水分回收回来。其次，骆驼背上有一个巨大的肉瘤样的东西，
坚实挺拔，这便是驼峰，有的有两个峰（双峰骆驼），有的只
有一个峰（单峰骆驼）。驼峰里面全是脂肪，一般有 40 千克
左右。这些脂肪通过氧化分解，便能转化成水，每 100 克脂肪
可以转化成 107 克水。这些水全部供体内消耗用。最后，骆驼
的血液中有许多椭圆形的红细胞，非常小但数目众多，可以防
止骆驼体温升高时血液变浓，确保血循环正常进行。野骆驼也
懂得节水，它不肯浪费身上储存的任何一滴水。大多数动物如
果小便不多，不能把尿素排出体外，就会尿中毒。但骆驼却能
通过肝脏把大部分的尿素循环回来，制造新的蛋白质。骆驼不
仅排尿不多，连出汗也很少，即使体温由 34℃ 升高到 40℃，
也不出汗。骆驼身上的绒毛不仅能抗寒防晒，还能防止水分从
皮肤里散发出来。骆驼还善于找水，贮水。它的嗅觉十分灵
敏，能预知风暴的来临，还能嗅出 1.5 千米外的水源。它能一
口气能饮下 57 千克的水，充分补充失去的水分。

　　野骆驼常栖身于荒漠中的灌木丛地带，爱群体生活，常常
由 5～10 只组成一个小群体，较大的群体可达 20～30 只。每
群皆有一只健壮的雄骆驼带领。遇到风雪来临，小群体很快集

合成大群体，全部趴下，屁股迎着风向，小骆驼藏于大骆驼中间。野骆驼群昼夜游走可达数十千米，季节性迁徙，能连续行走3～4个昼夜。时速一般为7.5千米。野骆驼爱吃沙枣、芦苇、甘草、骆驼刺等野草。休息时，和牛一样，常把胃里面的食物吐出来反刍咀嚼。它们春季交配，怀胎13个月，每胎生一崽。雌骆驼两年繁殖一次。小骆驼一离开母体就会站立，跟着父母行走，一年后独立生活。野骆驼平均寿命为35年。野骆驼遇到强敌，有一个有趣的绝招：将胃里的食物和胃液突然向敌害脸上猛喷过去，喷得敌害满头满身，奇脏无比，奇臭无比。它趁敌人晕头转向之机便溜之大吉。

野骆驼的经济价值很高，几乎全身都是宝。驼肉、驼峰、驼乳营养特别丰富；驼毛柔软、轻暖，是高级衣服的原料；驼皮可制皮革；驼鼻、驼峰、驼骨皆是有名的补药，驼蹄和熊掌齐名，是一道名菜。野骆驼性格善良、温和，人门喜欢和它接近，并把它驯养成家骆驼，为人类服务。遇到暴风雪突然来临，它总是依偎在主人的身旁，供人们取暖和避风。由于自然环境的恶化和人为的捕杀，野骆驼的数量越来越少了。我国已把野骆驼列为一级保护动物，国际上也被列入世界濒危物种的"红皮书"，严禁捕杀。我国在新疆南部阿尔金山建立了野骆驼自然保护区，供野骆驼栖息，有上百只野骆驼在那里生活。

七十五、世界上最高的动物长颈鹿

　　苏联宇航员罗曼年科在太空飞行了300多天，回到地面却站不稳，走不动。经过医学家的研究，找到了病因：罗曼年科在太空飞行，缺少地球重力，他的脚部肌肉逐渐萎缩15%，而且血液积聚在腿部组织里，引起腿部浮肿，妨碍营养从血液向下肢输送。为了解决这个问题，科学家绞尽脑汁，最后从长颈鹿身上得到启示，为罗曼年科制订了一个向"长颈鹿学习"的锻炼计划，才为宇航员解除了病痛。这是古老物种长颈鹿为现代科技做出的重大贡献。

　　长颈鹿属脊索动物门哺乳纲偶蹄目中的动物。世界上仅一种，另有8~12个亚种。长颈鹿是大型的有蹄类动物，站立时，从头到脚，雌长颈鹿平均高度为4.26米，雄长颈鹿平均高度为5米，最高的可达7米，比大象还高出一倍，比人高3倍，体重可达700~1800千克。全身花纹，因产地不同而不同，有斑点型、网纹型、星状型、参差不齐型和污点型等几种。长颈鹿头的额部宽，吻部较尖，一对大耳朵立在两侧，头顶还有一对骨质短角，角外包裹着皮肤和茸毛。长颈鹿的颈特别长，通常2~3米，把三角形的头部高高地扬起。它的脚也较长，奇怪的是四条腿不一般高，前腿比后腿高些，迫使它低头喝水一定要把前腿分开，头才能低下去够着水。好在长颈鹿很耐渴，它从吃的嫩树叶中吸取足够的水分，几个月不喝水也没有关系。长颈鹿的脸也较长，更有趣的是它的舌头也特别长，可达45～50多厘米。

长颈鹿

长颈鹿的脖子和脚为什么这么长，这与它爱吃树叶的习性有关。长颈鹿以树上的嫩叶为主食。从考古资料来看，长颈鹿祖先的脖子并没有这么长，相反有些长颈鹿的脖子还比较短，腿也不长，由于气候引起的生存环境的变化，地面食物锐减，只有树上的叶子可供它们食用，长颈鹿为了能吃到高树上的嫩叶，只得拼命伸长它的脖子，踮起脚趾，一些短脖子因吃不到高处的嫩叶都相继死亡了。就这样经过数千年的自然选择，经过一系列的遗传、变异，一些能适应环境的长颈鹿才得以生存下来，一代代地繁衍下去，长颈鹿才逐渐演变成现在的样子。

为了适应长长的脖子，长颈鹿的内脏器官也随之发生一系列的相应变化。为了把血液压到离心脏3米多高的头部，长颈鹿的心脏必须变大，有65厘米宽，压力增大，犹如大功率的水泵。长颈鹿血压很高，在安静睡眠时就高达160～260毫米水银柱，比人高出二倍多，在奔跑时血压更高。但不用担心，长颈鹿低头饮水时，头部低于心脏，头部不会因血压急剧增高而发生脑血管破裂的中风或猝死。这是因为它耳朵后方的瓣膜会调节血压，防止血压过高，同时长颈鹿血管周围肌肉发达，能压缩血管控制血流量，长颈鹿腿部及全身的皮肤和筋膜绷得很紧，有利于下肢血液向上回流，使血循环恢复正常。科学家由此受到启发，设置一种特殊器械，让宇航员每天坚持锻炼，防止宇航员血管周围肌肉退化，在宇宙飞船升空时穿上根据长颈鹿紧绷皮肤可控制血压的原理特制的"抗荷服"，控制宇航员的血压，从而让宇航员摆脱了与罗曼年科一样的病痛。

长颈鹿很少躺下，睡觉也是站着的，而且是睁着眼睛睡觉的。这也很奇特。

长颈鹿栖息于热带草原或靠近草原的森林边缘。喜群居，常常 7 ~ 20 只，多的时候也有 70 ~ 80 只聚集在一起活动，它们也经常与斑马、羚羊、鸵鸟等动物混杂在一起生活。长颈鹿常常喜欢在有稀疏树木的草原中间兀然站立，一动不动。它的一身斑驳陆离的花纹，和周围枯树木、枯草或岩石的景色很协调，较远处很难发现它们。长颈鹿有一双非常锐利的眼睛，常居高临下地观察四面八方。当它发现远处敌害时，先不动声色，依然不慌不忙，悠然自得地漫游，等到敌害蹿到一定距离时就奋起四蹄，飞奔而去。它很善跑，时速可达 70 千米，一般敌害望尘莫及。如果遭遇到偷袭，长颈鹿也不会含糊，用它那铁扫帚似的长脚，给予坚决的还击，甚至可以一脚把狮子踢倒。它的三角形脑袋也是非常厉害的武器，因为头部前额有块突出的坚硬的骨瘤，用长脖子晃动起来就如一把带着很大惯性的大铁锤，一锤足以使大铃羊致命。

长颈鹿从不鸣叫，即使在发情或非常惊恐时也不叫，这是因为它的声带中间有浅沟，发声时要靠肺部、胸腔和膈肌共同努力，所以叫起来比较费力，便不大发声了。

长颈鹿每胎产一崽，妊娠期特别长，约 450 天。一般两年生育一次，幼崽生下来身高 1.8 米，出生 20 分钟就能站立，几个小时便能奔跑。幼崽一岁半离开母亲独立生活。长颈鹿寿命一般是 14 ~ 15 年，最高可达 30 年以上。

长颈鹿体态优雅，性情温和，是人们喜欢的观赏动物。

七十六、"白袜子"野牛

　　人们总以为老虎、狮子雄纠纠，气昂昂，具有君临天下的王者之风，然而它们面对高大、雄壮的"白袜子"野牛，眼中常常流露阵阵怯意，不敢轻易发动袭击，最后只得溜之大吉。

"白袜子"

"白袜子"野牛属脊索动物门哺乳纲偶蹄目牛科，通称野黄牛。身体庞大，远比美国的野牛、欧洲的野牛和我国的野牦牛都要高大威猛。它一般身体全长 2～3 米，肩高 1.4～2.2 米。其中以印度野牛最大，雄性野牛又比雌性野牛高大，体重1000～1500 千克。它全身的肉要用 5 匹马才能驮走。如果它的胃装满食物，一个成年人是无论如何也抱不动的。它的一个肾脏差不多有 2 千克重。如果把它的肠子理直，足有 49 米长。雄性野牛的毛色一般是棕褐色、灰褐色和棕黑色，雌性野牛毛色稍淡，小牛的毛色更淡。脚的下部是白色，犹如穿上了白色的袜子，人们俗称它们为"白袜子"。这种牛头大，耳朵大，额部和肩头隆起，鼻子和嘴唇为白色。头上长着一对雄伟的角，呈浅绿色，弯弯的盘在头顶。雄牛角长 70～80 厘米，角的根部粗壮，周长 50～52 厘头。角的顶端尖尖的，两角之间的最宽处可达 110 厘米。这对威武的大角，是"白袜子"野牛自卫的武器。"白袜子"野牛的尾巴较长，末端长着一束长毛，是它驱赶蝇虻的鞭子。全世界现有 4 种"白袜子"野牛：一是大额牛，分布在印度阿萨姆和缅甸北部；二是爪哇牛，分布在爪哇、婆罗洲、苏门答腊和缅甸；三是森林牛，分布在柬埔寨；四是犍牛，集中分布在我国云南西双版纳和高黎贡山山区，东南亚地区也有一些。

"白袜子"野牛喜欢栖息在热带或亚热带的阔叶林、竹林和稀疏的草地中。那儿树木蓊蓊郁郁，芳草鲜美，食物丰富，而且远离人境。它们怕热喜温，夏天迁移到 2000 米以上的高山上，冬天就下山来，在千米处活动。一般是每天清晨或傍晚

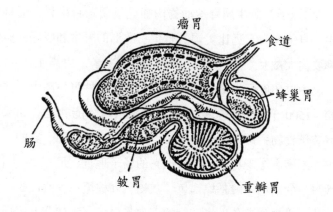

"白袜子"野牛的胃

出来活动，气温高的中午前后便躲在密林休息。它们爱吃各种野草和嫩树叶，尤其喜欢吃嫩竹笋和野芭蕉，是食草性动物。"白袜子"野牛和家牛一样，胃可以分成四室：第一室是瘤胃；第二室是蜂巢胃；第三室是重瓣胃；第四室是皱胃。野牛开始吞食是"囫囵吞枣"，以最快的速度把食物吞下肚去，瘤胃很大，其他的胃加起来还不到它的一半。食物在瘤胃里被水分和唾液浸软，由胃里的微生物和原生物初步消化后，藏在蜂巢胃里，等野牛到了较安全的地方休息时，再把蜂巢里的食物返回到嘴里，细细地咀嚼，品尝滋味，最后回到重瓣胃和皱胃里，把食物充分消化掉。"白袜子"野牛的胃里有无数微生物、原生物，靠它帮助消化，把食物分解成纤维素、合成脂肪和蛋白质。这种把吃下去的食物重新返回到嘴里咀嚼的现象，称为"反刍"。这是"白袜子"野牛吃食的特点，现在家养牛也继承了祖先这一传统。

"白袜子"野牛一般5~30头结集成一个群体，由一只强壮的雌性牛担任领导。"白袜子"野牛警惕性很高，为了随时随地对付虎、豹、豺、狼等敌害突然袭击，它们休息时派强壮的雄牛在四周放哨，其他的野牛一律头朝外围卧一圈，幼崽、老弱病残的野牛在中间，这样的阵势，虎、豹、豺、狼等强敌也不敢轻易下手。一旦交战如果防线突破，它们尽可能有组织地撤退。如果情况不许可，就各自逃命，但依然相互照应，尽量不使弱者落入敌手。它们的组织性、纪律性都是很强的。"白袜子"野牛对付敌害，有时躲进密林草丛中，趁对方稍微懈怠，突然猛冲过来，连老虎也不敢去惹它。

"白袜子"野牛每年11~12月交配，孕期260~280天，一般到第二年的8~9月临盆生产。一胎产1~2崽，生出的第一个月，体重就达40~50千克，一年后身高可达1.3米以上，身长1.8米左右。初生犊的胃里是没有微生物的，所以只能吃奶，不能消化草。母牛疼爱幼崽，常常用舌头舔幼崽的身体，亲幼崽的嘴，还常常吐草料给幼崽吃，通过这些亲昵的动作让微生物进入幼崽的胃里，幼崽才能慢慢吃草。4~5岁幼崽性成熟，长成大牛。

"白袜子"野牛似乎怕见人，常常见到人就跑，从不主动伤人。如果把它惹急了，它会用尖尖的角把人挑起来摔死。但人只要躺在地上，它的角就挑不到了，也就无计可施了，它便掉转身，往人身上拉屎撒尿，弄得你浑身臭烘烘的，用这下三烂手段报复了事。

"白袜子"野牛的经济价值较高：肉质鲜美，远比家牛的肉好吃；它的皮制成皮革，可以制成皮鞋、皮帽、皮箱等日用品；它的角坚实美丽，可以做号角、烟匣等。由于长期过量捕杀，现在"白袜子"野牛已濒临灭绝，我国已把它列为一级保护动物，在云南建立了上千亩食物基地，专门种植"白袜子"野牛喜欢吃的食物，使它们不受食物短缺的威胁。早在20世纪90年代，我国有"白袜子"野牛800多头，现代应该更加多了。

七十七、价值连城的犀牛

　　许多人爱看古装戏或影视中古代波澜壮阔的战斗场景。古代从将军到战士身上都身着铠甲，手持盾牌，交战时可以保护自己，不让敌人刀枪刺伤。早先的"铠甲"和"盾"用什么制作的，这么坚韧？它们都是用犀牛皮制作的。战国时期的大诗人屈原曾在《楚辞·九歌·国殇》里写道："操吴戈兮被犀甲。""犀甲"就是犀牛皮做的铠甲。犀牛皮很坚韧，足有2.5厘米厚，一般是刀砍不进，箭射不穿的，是做铠甲和盾的理想材料。

犀　牛

　　犀牛是史前时期留下来的非常珍贵的物种，是仅次于大象，是陆地上第二大哺乳动物。它浑身是宝。它的皮、肉、骨骼和内脏都可以入药，而且疗效很好，尤其是那黑油油的犀牛角，可以清热解毒、解痉强心，能治头眩口干诸症，更是壮阳良药。国际市场上一头黑犀牛价值3亿美元，一只小小的独角犀牛比7~8头大象还值钱。犀牛角的零售价有的达到每磅上万美元。称犀牛为价值连城的宝物，一点也不夸张。

　　犀牛属脊索动物门哺乳纲奇蹄目犀科，是一种大型的食草性动物，喜欢吃杂草、树叶、果实、嫩枝。形态和牛十分相似，但不是牛，却与马是近亲。世界上共有5种犀牛：产于非洲的黑犀牛、白犀牛和产于亚洲的印度犀牛、爪哇犀牛、苏门犀牛。前两种生活在非洲树木稀少的草原，而后三种生活在亚洲热带密林中。

　　非洲犀牛身体最庞大，四肢粗壮。全身长2.2~5米以上，肩高1.2~2米，体重达1.5~3吨。犀牛头大而长，颈粗短，耳呈圆卵形。全身毛稀少而硬，有的根本就没有毛。尾巴细而短。全身黄褐色、黑色或灰色。头上长着很奇怪的角，有的是两只角，有的是一只角。这角不像牛、羊那样左右对称，而是一前一后，长在鼻梁的正中线上。前者较长，长的可达1.5米，后者较短；前者长在鼻上，后者长在额上。犀牛的角和牛、羊的角质地也不同，它不是骨质的，它起源于真皮，由角质纤维凝结而成的，脱落了仍能复生。角是犀牛的自卫武器，角端似匕首般锋利，一旦打斗起来，别说3~4头狮子斗不过它，就连大象也惧怕它三分；如果猎人跑慢了，被它的角一顶，就会连人带马飞出去老远；如果小汽车惹火了它，它也能把汽车掀翻。它奔跑时速可达 45 千米。

　　犀牛一般生活在低地或海拔 2000 多米的高地。它的食量很大，每天要吃小山那样的一堆嫩枝叶或嫩草。白天，犀牛躲在阴凉处睡大觉，黄昏时出来觅食。它趁着暮色跑进灌木丛，拣取嫩枝和树叶，乱吃一通。犀牛常常跑到很远的地方去找水塘洗澡。它最喜欢在泥水里打滚，滚上一身泥巴，而且滚一次晒一次太阳，直到"泥衣"有 6～9 厘米厚为止。它还喜欢靠在树干或石头擦痒痒。犀牛滚上一身泥巴的目的是防止小虫蜇咬。力大无穷的犀牛连老虎、狮子都不怕，就怕蚊蝇等小小的寄生虫。犀牛的皮肤非常坚韧，但皱襞里的皮肤比较娇嫩，那里的血管也丰富，一旦被蚊蝇叮咬就奇痒难耐。犀牛对这些小虫一点办法也没有。一身泥衣正好起到保护作用，还能遮挡阳光的曝晒。有一种叫牛鹭的小鸟专门为犀牛清理卫生，它们分散在犀牛的肩上、额上、四肢关节等处，专门从皱襞里寻找小虫吃。把寄生虫吃干净了，犀牛也就舒服了。这些小鸟不但为犀牛清除寄生虫，而且帮助犀牛侦察敌情。犀牛的眼睛很小，视力差，听觉、嗅觉虽然好一点，但也不算太灵敏，要是敌害突然蹿到跟前，犀牛就来不及抵抗或躲避了。牛鹭的视觉、听觉都很好，它们一面清除虫害，一面眼观六路，耳听八方，一旦发现敌害，就高声惊叫，甚至飞起来，借以提醒犀牛，犀牛便立刻振作起来对付敌害。牛鹭从犀牛身上得到丰富的食源，同时一刻不停地为犀牛提供无偿服务，它们从各自获利的角度结成了生死与共的关系。

　　犀牛常常独栖，有时也与 2～3 只犀牛同栖。一只成年雄犀牛占有大约 10 平方千米的领地，它把粪便排泄在领地周围作为边界。它经常在领地内巡逻，只允许雌犀牛和小犀牛通过。如果两只雄犀牛相遇，一定会发生争斗，而且打得难分难解。在繁殖时，雌犀牛的脾气暴躁，乱冲乱撞，常常把雄犀牛撞得伤痕累累，才进行交配。雌犀牛每隔 4～5 年生一胎，妊娠期约 19 个月，每胎产一崽，初生小犀牛平均 20 千克，雌犀牛哺乳两年，6～7 岁才性成熟。寿命一般为 30～50 年。

　　早在第三纪，犀牛在世界上相当繁盛，遍及亚、欧、美三洲，由于种种复杂的原因，大多数犀牛渐渐灭绝了。到了第四纪，我国境内仍有不少犀牛，现在恐怕早已绝迹了。世界各地犀牛数量锐减。如赞比亚，13 年前还有 1200 头，现在只剩下 300 头；中非共和国的黑犀牛 5 年内由 3000 头降到现在的 170 头。犀牛面临着灭绝的危险。为了挽救犀牛，许多国家都制定了保护犀牛等野生动物的法令，如 1973 年，尼泊尔政府将奇特旺地区划为天然动物保护区，把犀牛作为国宝加以保护，相信不久的将来，犀牛濒临灭绝的局面会彻底改变。

七十八、称霸北极的白熊

　　北极是北半球最冷的地方，真正是"千里冰封，万里雪飘"的世界。那里没有人定居，连动植物也不多，然而白熊在那里生活得很滋润，在水中游玩，在冰上溜达，悠然自得，一代代地繁衍，在它的世袭领地称王称霸。

　　白熊又名北极熊，属脊索动物门哺乳纲食肉目熊科，半水栖动物，是由棕熊在15万年慢慢演化而来的。分布在欧亚大陆、北美大陆最北的北冰洋沿岸以及北冰洋大部分岛屿和格陵兰岛等地区。它通身都是白毛（冬季是纯白毛，别的季节为淡黄色毛），全身白毛根根是空心管子，是紫外光线的导管，太阳晒在身上，能把阳光包括紫外光线全部吸收到身体里，能很好地御寒，而且不透水，犹如穿了一件防水的羽绒大衣，另外洁白的颜色与周围的冰雪很协调，也能起到掩护作用。白熊体形很大，是现存的熊类中最大的一种，从头到尾约2米多长，体重一般都在800千克左右，体内脂肪层很厚。白熊的头较小，与它巨大的身体很不协调。它的颈长而且灵活，眼睛较小，耳朵圆圆的。白熊的视力和听力并不灵敏，但嗅觉却十分灵敏，可以捕捉到方圆一公里和冰雪下1米的气味。脚掌宽大有力，足下长着许多密密的细毛，增加了足底的摩擦力。因此，它在冰上健步如飞，一点也不打滑，在陆地行走速度也不慢。

白　熊

白熊性格猛烈粗犷，善于游泳。它的大前爪最适合用来划水，它的脖子也比其他熊类长，适合在游泳时将头和肩膀露出水面，它能在冰冷的海面上一口气游 40 千米。白熊大部分时间（66.6%）处于静止状态，如睡觉、躺着休息或守候猎物。它喜欢吃肉，猎食的主要对象是海豹、幼海象和沿岸搁浅的鲸鱼，夏季也偶尔吃一点青草和其他野生植物。白熊常出没于浮冰上的雪洞。它除了追逐猎物时下水，大部分时间在冰上。虽然白熊擅长游泳，但是与海豹相比，远远赶不上海豹。所以捕食海豹常常只能靠"智取"，而不能力敌。白熊看准目标后，便蹑手蹑脚地靠近海豹，突然猛扑过去，海豹惊魂未定就已被巨大熊掌击毙了；如果海豹躺在流冰上，四周是水，白熊便纵身下水，潜泳到海豹的身边，从水中伸出熊掌猛击海豹的头部，只要一掌就把海豹的天灵盖击碎了。有时白熊在浮冰上"守株待兔"，一旦海豹从水中探出头来，白熊迅速跳入水中，擒住海豹。冬天冰封后，海豹只能依靠冰上的通气孔呼吸，白熊就埋伏在通气孔旁边，等待海豹一露头，便给它当头一掌。这些智取办法，常常使得海豹防不胜防，无处逃遁。

白熊捕食的方法多种多样，而且很巧妙，但海豹也不是"呆子"。它们会用各种巧妙的办法来对付白熊，因此白熊常常一连数天饥肠辘辘。为了适应这种饱一顿饥一顿的生活，白熊的胃变得很特别，犹如一个仓库。捕捉到猎物，便敞开肚皮饱餐一顿，尽量多吃一点，一次要吃 60～70 千克肉。饱餐一顿便可以维持数十天。有时白熊也到陆地上猎食，北极狐、海鸟等都是它们捕食的对象。白熊在陆地上动作也很敏捷，狡猾的北极狐遇到白熊也束手无策，乖乖就擒。夏季，随着北极地区浮冰断裂开，白熊也随着浮冰漫游到各地，有的到达格陵兰岛，有的到达加拿大海岸。白熊一到"第二故乡"，便在沙滩上建筑洞穴，躲避烈日的曝晒。这一时期它们基本上不捕食，休养生息，与黑熊的冬眠相类似。冬天到来，随着巨大冰块的形成，白熊便离开洞府，爬上大冰块，向北移动，继续它们的狩猎生活。它们最活跃的时间，是每年 3～5 月。

白熊早春交配，妊娠期 195～265 天。11～12 月产崽，最常见的是双胞胎，单胞胎和三胞胎较少见。初生的幼崽毛发稀少，长 30 厘米，重约 0.6 千克。哺育了 1～2 个月便可行走，母熊对小白熊十分疼爱，为了不让小白熊冻着，常常将小白熊放在自己的大掌上，用颈部的绒毛盖着，并且不断向小白熊吹热气。小白熊和母亲在一起生活 2~3 年才离开，5~6 岁性成熟，开始生育。寿命一般为 30 年左右。

由于环境的变化和人类过量的捕杀，白熊日见稀少。我们要加强保护。

七十九、风靡世界的大熊猫

你看过傻乎乎、憨态可掬的大熊猫吗？

大熊猫全身长 1.2 ~ 1.8 米，尾长 10 ~ 12 厘米，体重可达 80 ~ 200 千克。它圆圆的脑袋活像猫，胖胖的身体活像一头胖熊，头上长着一对小黑耳朵，如同戴上两朵黑绒花。眼睛不算大，配上八字形深黑的眼圈，好似戴上墨镜的顽童。全身以白毛为主，四肢和肩部是黑色的毛，犹如穿着黑坎肩，戴着黑手套，黑白分明，显得朴素典雅，再加上天真、憨态和大大咧咧的神情，着实逗人喜爱。难怪 1986 年 10 月我国野生动物保护协会等单位联合举办"我最喜欢的 10 种动物"的评选活动中，收到海内外 3 万多张选票，大熊猫得票率竟高达 98.23%，成了冠军，几乎每个小朋友都投了大熊猫一票。

大熊猫是一个古老的孑遗的物种。它是脊索动物门哺乳纲食肉目大熊猫科的动物，也是我国的特产。早在 1200 万年前它就在我国土地上生活了，只是个子要比现在的要小得多。到了 300 万年的更新世纪中期，进入繁盛时期，出现了大个子的熊猫，它们的足迹遍及我国秦岭和长江以南诸省，陕西、山西、北京等地区也有出现。我国古籍上早有记载，称为"貘"

"貊""貅""白熊"。后来随着人类社会和农业生产的发展，大熊猫的生活环境得不到保障，大熊猫的数量也逐渐减少，现在只残存于我国四川、甘肃和陕西省等局部地区，海拔2600～3800米的地方，那里山高、谷深、树大、竹密，食物丰富，又便于藏身。

大熊猫

　　大熊猫虽然是食肉目动物，只是相对于它的祖先而言的，现在的大熊猫是以素食为主。它取食的植物有50多种，最爱吃的是箭竹、华桔竹、筇竹、箬竹等的竹笋、嫩叶和茎，尤其爱吃箭竹的嫩枝和细叶，又脆又甜，一只大熊猫每天要吃20千克。但大熊猫决不是佛门弟子那样吃净素，时而爱开点荤。在竹林里有一种小肥猪似的竹鼠，专吃地下的竹茎，毁坏大熊猫的食源，大熊猫视它如冤家对头。大熊猫只要听到竹鼠咬竹茎的"嚓嚓"声，立即循声寻找竹鼠的洞穴，一旦找到了，不是使劲拍打地面就是挖洞抄家，逼得竹鼠破土而出，成了大熊猫的佳肴。大熊猫有时还大摇大摆闯入居民住宅，抓火塘里的木炭吃，来补充一些微量元素，还会拿一些家具当玩物。大熊猫特别爱喝水，咕嘟咕嘟，喝起来没个够，有时喝水太多，走不动，便躺在水边。

我们在动物园里看到的大熊猫，动作懒散，脚步蹒跚，一副慵懒的派头。其实它的本领大着呢。它在自然界里既会涉水，又会爬树，一钻进竹林就很难找到它。它的脚底长有带长毛的肉垫。踏在竹子上既不怕疼，又没有声响，走起来飞快。它还有一个特技——躺在树上睡大觉。大熊猫每天除一半时间进食外，其余时间大多数在睡梦中度过。大熊猫性情温和宽厚，决不会主动攻击人，但也决不容忍敌人的欺凌。曾有人见过大熊猫奋战豺群的惊险场面：3 只贪婪的豺围攻 1 只大熊猫，大熊猫临危不惧，仰卧在地，腾出四肢与豺搏斗。第一只豺扑上来，大熊猫迅速将它抓住，压在胖胖的身体下面；第二只豺从后面扑来，大能猫一把抓住，用力摔出 5～6 米远；第三只豺攻上来，大熊猫一巴掌将它打倒。趁三只豺惊魂未定，大熊猫急转身爬上一棵大树，躺在树枝上睡觉去了。三只大豺死死盯着大熊猫，干着急，奈何不了它。

大熊猫常常是独栖的，但相互之间的交流还是很多的。它们的叫声，犹如人类的语言，不同的情境会发出不同的叫声，它的同伴完全理解其中的含义。共有 11 种清晰的声音：春天交配季节，发出山羊般的叫声；关在笼子里感到苦闷时，会发出像牛一样的叫声；情绪激动时，会发出响亮的像狗一样的叫声；恐慌和害怕时，会发出呼声和鼓鼻声；当争斗或提出警告时，会发出刺耳的咆哮声。它们还通过散发特殊气味来识别对方的性别、年龄。

大熊猫既怕酷热，又怕严寒，冬季不冬眠，一年四季都活动。它们有随着气温的变化进行垂直迁移的习性。春季一般待在海拔 3000 米以上高山竹林里，夏季搬到竹枝鲜嫩的阴山背后，秋天搬到 2600 米左右高的温暖向阳的山坡上，准备度过冬天。大熊猫无固定的巢穴，一直过着流浪式的生活。大熊猫多在春末夏初发情、交配，交配结束，雌、雄大熊猫便分道扬镳，各奔东西。妊娠期 125～140 天，晚秋产崽，一胎一般产 1～2 只幼崽。幼崽一般 2～3 寸长，重 100 克左右，两眼紧闭，裸露无色，一根小尾巴，活像一只白老鼠，死亡率高达 30%～50%。熊猫妈妈只能照料一只幼崽，珍爱无比，用"手"搂着，用舌舔着，三天内熊猫妈妈顾不上吃喝，专心哺育它的孩子，三天后才开始进食，但只要"宝宝"有一点动静，它会不顾一切地赶过来照料。敌害来了，它用口含着或叼着"小宝宝"上树逃避，亲亲热热，形影不离。3 个月后，幼崽才能爬行，半年后开始独立取食，6～8 岁性成熟。大熊猫自然寿命为 25～30 年。

大熊猫是濒临灭绝的动物。我国现存大熊猫约 1864 只。我国早已把大熊猫列为一级保护动物，严禁捕杀。我国在四川汶州县卧龙、平武县王朗等地建立了十多个大熊猫自然保护区，在卧龙和白水江的保护区还成立了大熊猫保护和研究基地。我国在大熊猫人工繁殖方面取得很大成绩，成活率达

56%。2008 年还开始对大熊猫的基因进行研究。

　　世界各国人民都喜欢大熊猫，还被世界野生动物协会选为会标。大熊猫是我国的国宝，也是我国的和平使者，多次带着中国人民热爱和平的愿望到别的国家。大熊猫所到之处，立即掀起一场"熊猫热"，电台、报纸、电视台把它作为头条新闻报道，商标、玩具、吃的、用品都印上它的"肖像"，走进千家万户。1972 年 4 月，我国将"珍珍"和"兴兴"两只大熊猫赠送给美国，在华盛顿动物园展出时，动物园门庭若市，连总统夫人也来观赏。1972 年 10 月，我国一对名叫"兰兰"和"康康"的大熊猫来到日本，立即引起轰动，每天观赏大熊猫的人成千上万，门庭若市，等上几个小时。1978 年，大熊猫"兰兰"不幸病逝，日本 4000 多人为它开追悼会，日本首相为它致哀。

八十、"森林之王"东北虎

　　以动物名称组成成语，最多的莫过于老虎了，常用的成语就有数十个，如"虎头虎脑""羊入虎口""虎口余生""龙争虎斗""龙潭虎穴""虎口脱险""虎口拔牙""虎背熊腰""虎头蛇尾""虎视眈眈""虎尾春冰""虎踞龙盘""谈虎色变""望虎生畏""狐假虎威"等，这些成语写尽了老虎的尊严与威风。

　　老虎是脊索动物门哺乳纲食肉目猫科中的一种动物。世界上共有十个亚种，现存7个亚种。我国有5个亚种，是世界上产虎最多的国家。5个亚种分别是孟加拉虎、印支虎（又名中印虎）、华南虎、新疆虎、东北虎。其中以东北虎最著名，主要分布在我国东北小兴安岭、长白山和俄罗斯的远东地区。

　　东北虎是体形最大的猫科动物。一般肩高1.1米，身长2~3.9米，尾长1.3米，体重可达350千克。东北虎的头又大又圆，四肢粗壮有力，毛色鲜明美丽，夏天背部和体侧为棕黄色，冬天淡黄色，腹面白色。背部和体侧有多条横列黑色窄条纹，前额上有数条黑色横纹，中间串通，极似"王"字，故有"森林之王"的美称。这种颜色在森林中与围围环境很协调,也是一种很好的保护色。虎爪特别锐利,长达10厘米,即使是很厚的牛皮,也经不住它一抓。犬齿长6厘米,锋利如钢刀,牛脖子也不经它咬。它的舌头上有很多尖锐的刺,人手若被它舔几下肯定是鲜血直流,血肉模糊。老虎的眼睛很奇特:直径有4厘米,晚上能发出绿幽幽的亮光,犹如一对绿灯笼,它的视力特别好,是人类视力的6倍。老虎的耳朵除听声音外,耳朵后贴或者竖起,还能用来表达不同的心情,当耳朵后的白斑随耳朵转动而摆动时,就是严厉警告对手"滚远点"!老虎嘴边两旁长着十多对长短的硬虎须,最长的20厘米,这是老虎的触觉器官。老虎夜里在丛林中出没,虎须能配合眼睛判断周围的环境。老虎行走时虎爪收缩,用四趾着地,走来走去,悄无声息,这一点跟猫一样。

东北虎是大型的森林动物,一般生活在600～1300米的高山针叶林地带和草丛中,它白天睡觉,黎明或傍晚出来觅食。它最爱吃野猪、黑鹿、狍子和狼,有时饿得厉害也吃兔子、獾,甚至吃蚱蜢和蝼蛄等昆虫。老虎捕食很讲究策略:悄悄地潜伏在灌木丛中等待,一旦目标接近,便突然蹿出,猛扑过去,或猛力一掌把对方的颈椎骨击碎;或用钢刀般的牙齿咬断对方的喉管;或用爪尖抓住对方的颈脖,把它的头扭断,然后慢慢地享用。老虎的看家本领是"一扑二剪"。"一扑"确实厉害,能扑7米多远,跃起二米多高,一掌足够击倒一只鹿;"剪"是用它铁棍似的尾巴横扫,一"剪"也可以打断猎物的"腰"和"腿"。老虎凶猛异常,人们谈虎色变。其实,通常老虎是不轻易伤人畜的,反而它非常怕人,只有在受伤或保护

东北虎

虎崽或饿极的情况下才袭击人畜。东北人外出不怕碰见老虎，却担心遇上吃人的狼。东北虎在森林里专门捕食毁坏森林的野猪和狍子，所以人们称赞东北虎为"森林的保护神"。20世纪50—60年代，把东北虎作为害兽大量捕杀，实在是得不偿失的错误做法。

老虎喜欢洗澡，也善于游泳，但不会爬树。它行动谨慎、动作敏捷，尤其是雌虎生育后，出去觅食，回窝时往往不走原路，而是沿着山岩溜回来，不留一点痕迹。老虎性格较孤僻，喜欢安静的环境，一般是独来独往，居无定所，但有一定的活动范围。雌东北虎的活动范围一般在 300～500 平方千米,雄性东北虎可超过 1000 平方千米。每年冬末春初发情时,雌东北虎会通过咆哮和喷发特殊的气味,雄性东北虎闻到气味并听到雌东北虎的呼唤,就寻找而来。如果有几只雄东北虎来到,雄东北虎之间也开展决斗,不过它们的决斗较文明,仅仅以目光对抗、胡须抖动和展示尖牙等方式进行恫吓,最多是抓伤对方,只要其中一只扭转头,决斗就结束。获胜者获得交配权,交配完成后雄东北虎便一走了之,把产崽、哺乳、养育的繁重任务一股脑儿全丢给雌东北虎。雌东北虎妊娠期为 103～105 天,在春夏之交产崽,每胎产崽 2～4 只。雌东北虎对幼虎很慈爱,也很温顺。虎崽无论怎么调皮,在它身上、怀里爬上跳下,它都不发火、不生气。两年后幼虎离开母亲,独立生活,3～4 岁性成熟。在自然界里,雌虎每 2～3 年生殖一次,在动物园里每年可以生殖一次。俗话说"虎毒不食子",表达老虎舐犊情深之意。其实不是这样,对虎妈来说,虎崽多是一种负担,它会吃掉几只体弱的幼虎,集中精力养育好剩下的幼虎。老虎的寿命一般为 20～28 年。

老虎的经济价值很大,一只活东北虎价值数万元。老虎全身都是宝:虎皮可以制褥子、地毯、椅垫,虎骨、虎血、虎须、虎内脏可以入药,虎骨酒是治疗关节炎、风湿病的特效药。由于长期过量捕杀,东北虎已濒临灭绝的边缘。20 世纪 50 年代,我国野生虎尚有一万多只,据调查现存的野生东北虎仅 50 只。1986 年在美国举行的"世界老虎保护战略学术会议"上,老虎被列为一级保护动物。1977 年我国实行捕虎禁令，1988 年颁布《野生动物保护法》和《国家重点保护野生动物名录》，我国的 5 个亚种虎都被定为一级保护野生动物。2021 年 10 月 12 日，面积 1.41 万平方千米地跨吉林和黑龙江东部的东北虎豹国家公园正式挂牌成立。我国将采取一切有效措施来保护东北虎，免遭绝迹。

八十一、聪明能干的大象

在苏联卫国战争期间，在一次德军空袭莫斯科行动中，动物园附近被炸，燃起大火，火势迅速向动物园蔓延，饲养员冲向象房，敲掉象房门上的大锁，把大象救出火海，转移到安全地方。大家奋力扑火，但意想不到的是大象也赶来救火了。它们吸足了水走近火场，高高地抬起长鼻，喷出一股股强大的水流，压住火势。第二次，它们没有走向水池，而是走向沙堆，吸了满满一鼻子沙子，用力向着火的木板喷去。大象们干得认真、漂亮，而且从容自如。在大象的帮助下，很快扑灭了大火。

看，大象就是这么聪明能干！

象属脊索动物门哺乳纲长鼻目象科。象是世界上最大的陆生脊椎动物。它也是很古老的物种。在远古时代，大象就遍及全球，而且种类繁多，仅次于恐龙。可惜在一万年以前，由于气候突然变冷，食物链断裂，绝大部分象灭迹了。只有生活在热带地区的大象，由于适应了环境，食物又丰富，便生存下来，一直延续到现在。世界上现存的象共三种：一是非洲草原象，广泛分布于非洲整个大陆；二是非洲森林象，主要分布非

亚洲象

洲大陆中西部的森林中；三是亚洲象，主要分布在印度、泰国和我国云南西双版纳地区。雄象，肩高 3 ~ 3.5 米，体重 3 ~ 8 吨。雌象略小一点，肩高 2.6 ~ 3 米，体重 4 ~ 5 吨。象的腿十分粗大，一条腿一般要相当一棵直径 0.5 米、周长 1.5 米的大树干，象的头大，耳朵也大。最引人注目的是象的大鼻子，呈圆筒形，几乎与身体等长，伸屈自如。鼻孔开口在末端，鼻尖还有指状物突起。象的鼻子是嗅觉器官，它的鼻子竖起来在空中摆动，能嗅出 300 米之外的气味，并能正确地分辨出敌和友；大象的鼻子还有"手"的功能：能自如地拔起大树、搬运东西、卷起嫩草、驱赶身上的蚊蝇，还能拔钉子，解开绳结；还能用鼻子吸水冲刷自己的身体，给自己洗澡，吃东西时用鼻子卷起食物送到嘴里。发怒时，鼻子又是威力无穷的武器，能把人或野兽卷起来扔到几丈远的地方去。象还有一对十分名贵的大牙，是它的上门牙，象没有犬齿和下门牙，大象的上门牙一直不换，年年生长。成年非洲象的牙齿平均为2.3米长，重40千克；亚洲象的牙齿较小，平均2米左右，重25千克。象用牙齿凿断树根或挖掘树根，也可用牙齿来剖开果实中的核仁，走路时还可以用它试探地面坚实与否，以免陷入泥坑里。象牙质地光滑，有光泽，是贵重的装饰品材料，在国际市场上价格昂贵。象的皮很厚，一般可达4厘米左右，皮肤上毛很稀少，汗腺发达，但皮下脂肪较少，所以象既怕冷又怕热，喜欢居住在丛林、草原和河谷地带。它喜欢吃嫩枝、嫩叶、果实和青草，象是纯粹的素食主义者。它用大牙齿把很粗的树根掘松，把树推倒，吃光嫩枝嫩叶。它用头一撞，足以把满树的果类撞下来，美美地吃一顿。大象的食量很大，每天要吃100～150千克的东西，还要喝60千克的水。大象为了觅食，不得不经常搬家，每小时行走24千米。它们常常在夜间活动，早晚觅食，太阳出来后就躲在太阳晒不到的密林深处，站着睡觉。象还是游泳"健将"，它很喜欢下水，在水中恣意翻滚，只把鼻子露在水面，无论多宽、多深的河它都能游过去，它每小时能游1600米，可以连续游6个小时。象洗完澡便爬上岸，把沙土喷在自己身上，这样可以避免蚊蝇的叮咬。

象是用声音来相互联络的，它利用胃肠的振动产生声音，交流信息。发出的声音频率很低，人耳听不见，这是它们自己的秘密"语言"。

恒河畔的象群

　　象喜欢群居在一起，每个群象都是一个大家庭，有20～40只，有时几个小群体会合在一起，组成一个大群体，多达100～200只。在群体内大家和睦相处，相互关心。象群内是"女当家"。其他成员按年龄大小、体质的强弱排列有序。它们行动路线、进食、休息的时间、地点都由颇有威望的"女当家"负责，别的成员完全服从它的指挥。雄象负责安全保卫工作，发现紧急情况，雄象当仁不让。群象休息，雄象在外围守卫，保证象族成员的绝对安全。

　　雌象一生中生6头小象，每隔3～4年生一次，每胎产一崽，妊娠期600多天，刚产下的幼崽不到一米高，体重也不到100千克，全身长着一层毛。母象对幼崽十分疼爱，冬天它用鼻子卷着草盖在小象身上，夏天卷着草给小象驱赶蚊蝇；小象贪玩走远了，它会焦急地呼唤，把小象召回来；小象不愿睡觉，它用长鼻子硬把小象按倒，强迫它睡觉。每只雌象都十分关爱小象，不让小象受到天敌威胁。雌象 14～15 岁性成熟，到 25～30 岁个子才算长足。象的寿命一般为 60～70 年，有的可达 80 年以上，活到 100 年的很少。

象是有"智慧"、有"感情"的动物。它们喜好"交际"，象群中每个成员都互相认识，和同伴在一起，不时地扇动大耳朵，舞动长鼻子相互拍打肩头，以示亲昵；对同伴的死亡，非常悲伤，围在尸体旁不忍离开。肯尼亚阿伯德国家公园一只年轻的母象死了，其余几只母象带领着小象，在尸体旁足足守护 3 天 3 夜。象爱恨分明，对伤害自己同伴的人进行报复。有一个裁缝在缝衣时，发现窗口伸进来一只象鼻，他童心未泯，用手中的针刺了一下象鼻，大象逃走了。二十年后，这个裁缝又回到原来的地方开了一爿裁缝店，一天一只大象从他门口经过，它伸出鼻子在空中嗅了一下，便去自来水龙头吸了一鼻子水，朝裁缝喷了一身。这只大象用这样的方式报了 20 年前的仇。

象性情温和，能学会各种劳动技能，在东南亚地区许多象都已成为很能干的家畜，替主人运大物件，开荒种地，每只象相当于 20～30 个人的劳动力。还有人用它们当保姆、当警察。在动物园或马戏团，它们是出色的演员，打鼓、吹口琴、跳舞，能演出不少节目。泰国还有一支由象组成的消防队。

　　象很可爱，由于长期滥杀，数量越来越少，现在全世界的野象一共只有 4 万余头，我国才 200 多头。象被列为世界第二级濒危动物，是我国一级保护动物，严禁买卖和捕杀。我国在云南建立了三个自然保护区，对大象加强保护。

八十二、动物王国中的 "懒汉" 蜂猴

　　对于懒汉，人们往往会嗤之以鼻，一点也不受尊重。动物王国中也有懒汉，便是蜂猴，它又名"懒猴"，但它却受到人们的尊重与庇护，被我国列为一级保护动物。

　　蜂猴属脊索动物门哺乳纲灵长目懒猴科。全世界共有 9 种，我国有 2 种，分布在云南和广西的热带森林中。蜂猴也是古老的物种，它是灵长类动物进化中相当原始的一种，是低等的半猴类，因此也可以称它为"原猴类"。它曾广泛地生活在亚非大陆，后来随着气候的变化和进化缓慢，大部分消亡了。有些生活在热带雨林中才得以保留。

蜂　猴

蜂猴外貌很可爱，体形不大，体长 21～38 厘米，体重 680～2000 克，尾巴短小，不到 2 厘米，而且隐藏于毛丛中。比猫还小一点。全身披着棕灰色或橙黄色的皮毛，腹面棕色，背脊中央有一条褐色纵纹，纵贯全身，到尾基部逐渐变窄，颜色也逐渐变淡。两只大眼睛活像一副墨镜，再加上圆圆脑袋和一对小耳朵，有点像大熊猫的头。蜂猴躯体粗壮，胖乎乎的。蜂猴的四肢一样长，前肢拇指发育良好，可以用来抓住或停在树上。后肢第二趾有爪，可以帮助抓取。这样的四肢便易于在树枝上倒挂。这是它在漫长的进化过程中形成的。蜂猴生活在树上，很少下地。行动迟缓，既不会蹿，也不会跳，只会一步步地慢慢爬行，走一步竟要 12 秒钟，速度之慢完全可与乌龟相提并论。眼睛白天无神，看不清东西，可是到了晚上视力很敏锐，周围的东西看得清清楚楚。它们之间是通过尿液气味标记来进行交流的。蜂猴白天都是在树洞或树杈间睡大觉，它把身体蜷缩成一个圆球，头埋在胸口，即使被惊醒，也只是睁开眼睛看看，身体绝对不动一动，懒得出奇。它要睡整整一天，晚上醒来。在树枝上或倒挂在树枝上，慢吞吞地向前移动身体，寻觅可口的食物。它爱吃树芽、嫩叶、种子、果实、小鸟、昆虫、蜥蜴等。它还爱掏蜂巢偷吃蜂蜜。它吃得很慢，真可谓达到细嚼慢咽的高超境界。它的食量不大，每顿只吃一点点就饱了，就是一点不吃，饿上个把月也无所谓。这与它不爱活动的生活习性有关。不爱活动，体力消耗慢，新陈代谢也就慢。正因为蜂猴懒得动，地衣和一些藻类在它身上慢慢繁殖起来，使它棕色的毛皮上仿佛蒙上一件灰绿色的外套，它身处于万绿丛中，灰绿色就成了难以被敌害发现的保护色。

蜂猴的唾液和肱腺分泌液皆有毒素，蜂猴常常用舌头梳理自己和幼崽的毛发，将毒素沉积在皮毛上，如果被蜂猴所咬或蜂猴被咬，都会引发过敏和剧痛，这是蜂猴保护自己对付敌害的独特方法。蜂猴遇到敌害把身体蜷缩起来，向敌害扑过去，让敌害中毒而逃过一劫。

蜂猴发情周期持续 29~45 天，一年中有多个时期可以交配。交配前雌性会悬挂在雄性视线范围内的树枝上，并且以大声叫喊来吸引雄性的注意力，它们交配也在树枝上。怀孕期为 188 天，一般是冬季产崽，每胎产一崽，偶然也有双胞胎，常常是晚上分娩。幼崽一旦离开母体，眼睛就睁开了，就能抓住妈妈腹部的毛，不到一天就能够倒挂在树枝上了。它的爸爸、哥哥、姐姐也喜欢带着它玩耍。哺乳期为 3~6 个月。母猴行动时，幼崽紧紧地抱着母猴，一直长到和大猴差不多大时，才独立活动。蜂猴的寿命一般为 10 年，最高年龄是 12 年 8 个月。

蜂猴的用处很大，灵长类动物是人类的近亲，生理机能和新陈代谢与人类相似，生物学家和医学家常常喜欢用它来做新药品的实验，取得良好的效果后，就能较容易地向人类推广。它还可以做观赏和药用。

蜂猴在自然界已非常稀少，濒临灭绝。我国科学家用香蕉、玉米、蚕豆、窝窝头、小鼠等食物来喂养，取得了成功。这为保护它们创造了条件。

八十三、漂亮的金丝猴

　　我们祖先早在公元前 3 世纪就对金丝猴进行研究了，取它的皮做衣服和褥垫。到了宋代天禧元年（1017 年）皇上还明文规定："非两室五品宗室将军以上不许乘绒毛暖坐。"元丰元年（公元 1078 年）皇上又规定："绒坐文武两制，武臣节使以上使用。"到了明代再次规定，宗室一品以上将军才能坐绒垫。坐绒垫的级别越来越高，足见古人对绒垫的看重。这里所说的绒垫，就是金丝猴皮做的坐垫。

　　金丝猴属脊索动物门哺乳纲灵长目猿猴亚目狭鼻祖疣猴科，是我国熊猫家乡的另一种特产，分布于四川、甘肃和陕西南部。另外，湖北、云南、贵州也曾出现过金丝猴。1986 年，我国四只金丝猴在美国展览，引起了一场声势浩大的金丝猴热，成了世界各地新闻媒体报道的热点，引起各界人士广泛的兴趣。金丝猴身体长 50 ~ 83 厘米，体形粗壮，尾巴长 51 ~ 104 厘米，体重 20 多千克，雌猴较小，体重为 10 多千克。它头圆耳短，唇厚，吻突，嘴巴圆，鼻孔大而且上仰朝天，脸部呈蓝色。体背长有金黄色的长毛，最长的毛可达 30 ~ 50 厘米。头侧、颈侧、腹面和四肢内侧有黄褐色的毛，毛质地柔软。远远看去，酷似披着一件金色斗篷，十分漂亮、可爱，很讨人喜欢。

金丝猴喜欢群居，每群少则 30～50 只，多的有 200～600 只。金丝猴具有典型的家庭生活方式，彼此之间和睦相处，一起觅食，一起玩耍。如果有成员不幸受伤，别的金丝猴都争着前来抢救。如果有一只猴子被人打死或被食肉动物咬死，其他的猴子会拼命把尸体抢走。成员之间以不同的叫声来交流，如"呱——呱——呱"表示安全；"咕——咕——咕"是哨兵的警告声；"嘿——"是逃跑的信号；"咯啊——咯啊——"是互相亲热的呼唤声。"它们一般生活在湿冷的环境里。它们不畏严寒而惧酷热，常年出没于海拔 1500～3300 米的高山，针叶与阔叶混合林地带。夏天炎热，它们集体迁徙到海拔较高的山林中，冬天寒冷就迁徙到较低的地方。它们以野果、嫩芽、鲜叶、竹笋为食，基本上是素食，偶尔也吃一点虫子和鸟蛋。金丝猴的胃壁较薄，消化能力较差，吃得不太多。金丝猴擅长攀树，它们常年生活在树上，偶尔也下地走走。在树枝上活动迅速敏捷，而且姿势轻盈优美。前肢只要拉住树枝，随即富有弹性的后肢就跳过来，后肢刚接触到树枝还未站稳，前肢又拉住更远的树枝。它们就这样前后肢互相配合，攀缘着前进，每次能移动 3～4 米。如果林中空间较大，它们一个"箭步"可达 7～8 米，时速可达 50 千米。一群金丝猴正在自由自在地玩耍，发现敌情，只要 1～2 秒钟，数百只猴子就逃得无影无踪。每一大群金丝猴中都有一只猴王，是群体内经过反复较量而公认的。它拥有至高无上的权力，大伙都要听它的指挥。猴王身体魁梧，经验丰富，又机智灵活。猴王的别号叫"望山猴"。每到一处，它便亲自登高四望，侦察敌情，了解环境，如果没有异常情况就派遣警卫，四面站岗守卫，向全体成员发布命令，就地分散自由活动；一旦发现危险迹象，或者站岗放哨的警卫发出警报，猴王发出特殊的"呷呷呷"的惊叫声，其他成员听到后立刻停止喧闹，注意事态的发展。一旦敌害逼近，猴王当机立断，率领群猴或迎战或逃遁。它们的集体行动很有秩序，一般是体格健壮的雄猴开道，担任警戒。雌猴带着幼崽走在后面。金丝猴没有巢，也无任何形式的"床铺"。它们到哪里，就在哪里住宿过夜。只要在天黑前临时找一棵树便可以过夜。它们爱在松、杉、桦等高大的树上就寝，就寝的地方距离地面一般要 20 ~ 30 米。同一棵树上可以睡数十只金丝猴。

金丝猴

金丝猴是"一夫多妻制"，每年 8 ~ 10 月是发情、交配的旺盛期，雄猴为了争夺雌猴，经常搏斗，可是交配季节一过，大家又相安无事了。雌猴的妊娠期为6个月左右，通常一胎产一崽，偶尔也有双胞胎。刚生下的小猴脸呈暗蓝色，棕褐色的毛，叫声如婴儿哭声。幼崽一岁半左右断奶，4岁左右性成熟，长成大猴。猴妈妈对幼崽十分疼爱，总是抱在怀里，如遇上敌害，也带着幼崽逃跑——小猴子紧紧地搂着妈妈的腰，随着妈妈腾跃如飞，时速达50千米也不会掉下来。金丝猴还能预报天气变化，大雨前，金丝猴便发出"郭——郭——"的声音，叫后6～12小时必有一场大雨，每次都很准。

金丝猴的经济价值很高，它的皮柔软而华丽，是制造贵重皮袄、皮褥的原料。这种皮袄、皮褥不仅保暖，而且治疗风湿病有特效。它的肉细嫩可口，它的骨头也是珍贵药材，可治疗天花、疟疾、喉头炎等疾病。

我国除了"正牌"的金丝猴，还有滇金丝猴和黔金丝猴两种。滇金丝猴生活于云南、四川西部和西藏东部，它除了胸、腹、四肢内侧和臀部是白毛，其余都是黑灰色的毛，所以它又叫"黑金丝猴"。它生长在4000米以上高山阴暗的针叶林带，是我国唯一以针叶为主食的猴类。黔金丝猴生活在贵州、四川之间，除了两肩之间有大块卵圆形白毛，全身披着暗灰色的毛，所以又叫作"灰金丝猴"。

由于长期以来大量捕杀，目前三种金丝猴数量已不多了。我国已把它们列为一级保护动物，建立了世界上唯一的金丝猴养殖场，还把黔金丝猴产地贵州梵净山、陕西周至等地建成金丝猴自然保护区，来保护金丝猴和其他珍稀濒危动物。

八十四、林中"飞将"长臂猿

在东南亚热带和亚热带的深山密林中，活跃着一种动物，它们从这棵树"飞"到那棵树，闪电一般，速度极快。它们的外貌像猴子，但比猴子灵活机警，智商也要比猴子高得多。上肢特长，抓取东西很灵活。这种动物便是长臂猿。

长臂猿与猩猩、黑猩猩、大猩猩同属类人猿，是人类的远祖，属脊索动物门哺乳纲灵长目猩猩科。长臂猿个体较小，体长 45.6～64 厘米，体重 6～14 千克，直立也超不过 0.9 米。手臂特别长，两臂平伸，可达 1.65～1.80 米，是自身高度的3 倍左右。长臂猿的头较小，呈圆形。脚短，手指关节稍长，身体纤细。肩阔而臀部窄，臀部有胼胝，无尾巴和颊囊。长臂猿共有 16 种，我国有四种：一是黑长臂猿，全身黑色，生长于云南和海南岛；二是白眉长臂猿，前额有白色横纹，个子大，体重可达 14 千克，活动于云南西部；三是白掌长臂猿，掌中生白毛，个子中等，体重不超过 10 千克，分布于云南西双版纳；四是白颊长臂猿，全身黑色，但雄猿两颊有白色斑块。

长臂猿　　　　　　　　　长臂猿正在运用"臂行法"

　　长臂猿喉部有音囊，喜欢鸣叫，每天清晨经常集体大声鸣叫，"呜——呜——""哈——哈——"，可延续15分钟，声音清晰高昂，声震山谷，5千米以外便能听到。这既是群体内互相联系，交流感情的信号；也是对异族侵入，发出警戒信号。长臂猿栖息于热带雨林和亚热带季雨林的深山老林中，海拔一般在1000~2500米。白天它们在10~30米高的树上觅食，晚上睡在树上，大部分时间生活在树上。"手"呈钩状，"手掌"比脚掌长。一般是用"长臂"来走路的，一只"手"攀住树枝，双脚一缩，摆动身躯，似荡秋千那样，一放手就抛向空中，另一只"手"立即抓住另一树枝，一刹那就能荡过10多米的空间，速度很快。可是，它们在地面直立行走就笨手笨脚了，既慢又不稳，像刚刚学步的小孩，样子十分可笑。两臂太长，似乎无处可放，只好两臂高举在头顶，又像投降的士兵。如果用长长的指尖点着地面，跑起来就比较快一点。长臂猿的"手"用处很多，用它采摘成熟的果实，用它捕捉飞鸟——长臂猿一"手"吊挂在树枝上，松开另一只"手"或脚，就能从鸟巢里取鸟蛋或在空中抓小鸟来吃。如果渴了，它们就到溪边的灌木丛中，一只"手"悬挂着，另一只"手"伸进溪水里，然后从手指和手掌的毛缝里吮吸清水。长臂猿爱吃果实、嫩芽、树叶、花朵、昆虫、鸟蛋。它门采摘果实很有计划，只采成熟的果实，生一点的暂时留着，等成熟了再吃。

长臂猿的"家庭观念"比较强，实行严格的"一夫一妻制"，选定的配偶一般不会改变。父母和若干未成年的小猿组成小家庭，一般不超过 5~6 只。长臂猿每隔两年生一胎，在冬季和春季交配，怀孕 7 个月，一胎生一崽，刚出生的幼崽，体重 300 克，灰黄色，5 个月后渐渐变成黑色或棕黑色。9 岁性成熟，小猿便离"家"独自谋生，遇到适合的"对象"，便开始组成新的家庭。每个家庭在森林中都占有一定的固定的地盘。许多小家庭组合成大群体，群体中有一只雄性长臂猿充当"首领"，其他的长臂猿绝对服从"首领"的命令。"首领"来了，大家都要弯腰让路，毕恭毕敬。群体之间互相关心爱护，很有感情，见面时又喊又叫，互相搂抱。如果有谁被猎人一枪打中，大家不是四散逃命，而是上前救护；如果有谁死了，大家围着尸体沉痛默哀，很有人情味。长臂猿一般可以活到 40 岁。

长臂猿性情温顺，很容易饲养，尤其是从小人工养大的，对饲养员很有感情。它们聪明伶俐，能学会很多有趣的花招，是很好的观赏动物。另外，长臂猿的生理结构和人类很接近，人易患的很多疾病，它们也会传染。因此，它们又是很理想的医学实验动物。据说，长臂猿还会"酿造猿酒"。它们把稻谷和百花放在石洞里，听其发酵，每次可以酿造 5～6 升的酒。猿酒可以补气血，壮筋骨，祛风湿，延年益寿。

　　长臂猿是我国一级保护动物。由于被偷猎者的大量捕杀，再加上滥伐森林，长臂猿的生态环境遭到严重破坏，长臂猿的数量急剧减少。20 世纪 50 年代初，海南岛还有 2000 多只野生长臂猿，到了 80 年代只剩下 20 多只了。从 1980 年开始，我国在广东、海南等地建立了多处自然保护区加以保护，濒临灭亡的长臂猿才开始获得新生。

八十五、悟性很高的狒狒

　　动物界中也有许多绝顶聪明又能干的动物，狒狒就是其中的一种。

　　狒狒属脊索动物门哺乳纲灵长目狭鼻组猴科，是仅次于猩猩的大型猴。体长 50.8～114.2 厘米，尾巴长 38.2～71.1 厘米，体重 14～60 千克。它的外形很像狗，头部粗长，吻部突出，耳朵小，眉弓突出，两眼深陷，脸上有很高的隆起线，颜色鲜蓝而透紫。鼻子呈深红色，和臀部一大片鲜红的胼胝形成鲜明的对照。体毛相当粗糙，以黄褐色和褐色居多，尾部毛色较深。四肢一样长，短而粗，适应于地面活动。全世界共有 5 种，大都分布在非洲，如苏丹、埃塞俄比亚、叙利亚等地皆有狒狒在活动。

　　狒狒主要生活在地上，故称"地面猴"。它的视觉开阔，动作敏捷，有时狒狒有恃无恐地在离狮子不远的地方出没，狮子扑过来，便灵巧地爬上树，在树上狡黠地望着无可奈何的大狮子。狒狒常常栖息于热带雨林、稀疏草原、半荒漠草原和高原山地带，也喜欢生活在较开阔多岩的低山丘陵、平原或峡谷峭壁中。它善于游泳，发出的叫声很大，并以叫声来交流信息。它一般是白天活动，中午喝水，夜间住宿在大树上或岩洞中。狒狒的食物多种多样，最爱吃植物的根、茎和果实，为了改善伙食，偶尔捕捉一些飞鸟和野兔来吃。狒狒饭后，嘴唇边的毛上往往会沾满黏稠的果汁及果壳的碎屑。狒狒就靠在树干或岩石上来来回回地蹭，一定把嘴巴擦干净。

狒　狒

狒狒过着群居生活，一群往往有几十只到上百只，有的大群有 200～300 只。每群都是有若干个家族联合而成的。每个家庭包括一只充当头领的雄性狒狒与若干只雌狒狒和它们的小崽子们。狒狒群体中，等级关系很严格。"首领"由一只身体最强壮、最魁梧，毛色也最漂亮的雄狒狒担任，它在群体中享有绝对的权威，可以优先选择筑巢场地，可以有更多的食物和配偶权，其他的狒狒必须绝对服从它，从它身旁经过时必须有礼貌。如有违抗，就要受到严厉的惩罚。每当遇到敌害时，首领发布命令，率领众狒狒与敌害搏斗，而且冲锋陷阵，跑在最前头。

狒狒没有固定的繁殖季节，5～6月一般为交配的高峰，孕期6～7个月，每胎产1崽。小狒狒刚出世，整个群体会热闹起来，大家围着"婴儿"观望，气氛有点像人们过"满月"。它们还有一个特别的规矩，小狒狒的头只有妈妈才有资格摸，别的狒狒只能看不准动手。妈妈成天将小狒狒抱在怀里。小狒狒长得很快，一个月后，就能骑在妈妈背上，并能下地走路了。7～8个月以后，妈妈主动"断奶"。断奶后妈妈们外出觅食，都把小狒狒交给一个年长的狒狒照看，教它们爬树、抛石子等本领，不让小狒狒乱跑乱撞，也不让它们相互吵闹打架。其实，这种情况有点像我们的托儿所。野生狒狒的寿命一般为20年。

狒狒群体中有较强的尊老爱幼的习性。科学家曾观察到一头雄狒狒在吃木薯根，另一只雄狒狒上前抢夺，那只狒狒便抓着木薯根跑到一只小狒狒后面，把小狒狒抱在膝上，发出呼噜呼噜的吼声，那只抢夺的狒狒立即停止追击，转身走掉了。

狒狒很好奇。它对不熟悉的东西，很感兴趣，这特点常常被人们利用。干旱季节，水相当珍贵，但狒狒常常有一个隐蔽的水洞，猎人为了寻找水源，便在狒狒往来途径的小石洞里塞一些木棍之类的东西，狒狒非常好奇，便走过来伸"手"到石洞里去抓，这时猎人急忙返回来。狒狒由于心慌意乱，竟忘记了松"手"，轻而易举地成了猎人的俘虏，猎人就给狒狒喂盐巴，狒狒很快口干舌燥、烦躁不安，这时猎人就把它放了。

由于生理的需求，狒狒直奔水源，猎人跟在后面，便找到了甘甜的泉水。

狒狒是一种很善良的动物，悟性高，很容易驯养成人类的助手，这一点很像狗。詹姆斯·维德是一个铁路扳道工，在一次意外事故中失去了两腿，他训练了一只叫杰克的狒狒做他的助手，每天早上，杰克推着詹姆斯去上班，帮助主人清扫院子，后来它学会操纵机杆，给来往的火车发布信号。它为主人工作了9年，竟然没有发生一次差错。南非一个农场主训练了一只狒狒放牧羊群，这只狒狒很守职，每天清晨率领羊群去吃草，傍晚又赶着羊群回农场，它不但认识每一只羊，而且连刚出世的小羊羔是哪只母羊的"孩子"，都记得清清楚楚。每天晚上它把一只只小羊抱到各自的妈妈肚下去吃奶，从没有出现过张冠李戴的错误。

狒狒确实是聪明能干的动物。

八十六、人类的"近亲"
黑猩猩

　　说到黑猩猩，在普通动物园里是难得见到，但在电视屏幕上经常能见到。黑猩猩穿着花衣裳，戴着花帽子，或骑着自行车，或踏着跷跷板，或识字，或做着各种逗人发笑的动作。动作既笨拙又透着灵气，一副傻乎乎的样子，逗人喜爱。

雄黑猩猩

雌黑猩猩

　　黑猩猩属脊索动物门哺乳纲灵长目猩猩科。人和类人猿都是从 2000 万年的古猿进化而来的。黑猩猩是类人猿中的一种，因此它和人类最亲近，有人把它称作人类的"表兄弟"，看来是有一定的道理。黑猩猩分布在非洲中部的密林中，向西一直分布到几内亚。

黑猩猩是猩猩科里体形最小的种类，体长 70～92.5 厘米，站立时高 1～1.7 米，体重雄性 54～80 千克，雌性达 45～68 千克。全身的毛较短，黑色，臀部有一块白斑。面部灰褐色，眉骨高起，两眼深陷，有一对非常显眼的大耳朵，嘴巴较宽大。手脚粗大，呈青灰色，覆盖着稀疏的黑毛。手臂较长，一般超过膝盖。它没有尾巴、颊囊和胼胝。黑猩猩个子虽小，但很有力气，一根两个人才能弯过的树枝，它一拗就断。黑猩猩栖息在热带雨林中，是半树栖动物，爬树本领十分高强。它们过着群居生活。每群 2～20 只，有时可达到 30～50 只。群体中的成员经常有变动，比较稳固的是母亲与子女组成的小家庭，父亲是不抚养子女的。子女也只知其母，不知其父，子女对母亲感情很深，分群后，还常回来探望母亲。每一群体在森林中都有一定的活动区域，面积一般为 26～78 平方千米，觅食区域往往是它们集中的地点，但它们并没有固定不变的居处，天天要搬一次家，一到傍晚，选一个秘密或粗壮的树杈，然后全家一齐动手折断带叶的树枝，构筑一个温暖而舒适的新家。它们的家一般筑在离地面 4～5 米至 30 米左右高的大树上。它们白天在地下活动的时间较多，到了黄昏纷纷上树睡觉，一直到次日的清晨日出以后。

在黑猩猩的群体中，等级关系相当严明。有一只雄黑猩猩为"首领"，其他所有的老少黑猩猩都围绕在它的身边。"首领"在群体中享有绝对的权威,它到哪里,黑猩猩都要给它让道,并且点头哈腰,小声地叫唤,表示尊敬。"首领"也要碰碰对方的手或摸摸对方的头表示应答。"首领"位置不是世袭的,是凭实力,通过格斗获得的。年轻的雄性黑猩猩长到一定的年龄都可以参与"首领"位置的争夺战,谁胜利谁就做"首领"。黑猩猩很讲究礼貌,它们相遇时总要表示问候,或欠欠身、拉拉手,或用手抚摸对方的脸,尤其是"一家人"久别重逢时候,互相会高声喊叫或互相拥抱、亲吻,心情十分激动。黑猩猩们用不同的叫声和呼声来交流思想或传递情报。据科学家测定,黑猩猩一般用 32 种不同的声音来表情达意。如两群黑猩猩相遇,就发出一片喧闹、夹杂着洪亮而兴奋的喊叫;受到威吓或向"首领"表示屈服时,就发出一连串的哼哼声;遇到了强敌入侵或意外危险时就发出洪亮而拖长的"呜啦"声。黑猩猩还会用触碰的动作或手势来传达信息,例如,当妈妈外出,就碰一下自己的孩子;要孩子从树上下来,就拍一下树干;要伙伴到跟前来,就拍拍身边的树。应该说,黑猩猩的情感是十分丰富的。

黑猩猩是动物界最聪明的动物,科学家通过反复的试验证明,9 个月的黑猩猩可以听懂人类语言中的 58 句(只比人类同龄婴儿少 10 句),经过训练,它们可以清楚地说出"爸爸""妈妈""杯子""起来"等词。黑猩猩还能学会符号语言,能据不同的图形和彩色建立起"香蕉""苹果""盘子""水桶"等词的概念。也能学会人类的不少动作,如会用小树枝做牙签,剔牙缝中残留的食物;用麦秆抠鼻子,使鼻子通畅;

用树叶擦身上的污泥，擦屁股；用树叶贴在流血的伤口上止血。黑猩猩不但会使用工具，还会制造工具，它们会用石块砸开坚果的外壳，折断树枝作为进攻的武器。白蚁在蚁穴内，手伸不进去，它们会找来小树枝，用牙齿把细枝和叶子取掉，伸进蚁穴把白蚁钓出来吃掉。所有这些表明，黑猩猩比其他动物要高等一些，它们的行为和社会行为更接近人类。

黑猩猩在工作

黑猩猩性情调皮好动不喜静，行动敏捷而机灵，常常聚集在一起莫名其妙地大吵大闹，十分混乱，几乎每隔20分钟就要闹上一会儿，还时常利用茂密的枝叶玩"荡秋千"和"捉迷藏"之类的游戏。黑猩猩的食量很大，每天要用5～6小时的时间来觅食，它们常吃水果、树叶、根茎、花、种子和树皮，也吃昆虫、鸟蛋或捕捉小羚羊、小狒狒和猴子来开荤。它们还集体围捕野猪等大动物，捕获后撕成小块，整个群体一起享用。黑猩猩一年四季均可发情，但春秋两季最旺盛。孕期为228天左右，每胎产一崽，哺乳期为1～2年。幼崽2个月出牙，3～4月可以直立行走，1岁后就能独立生活，7～12岁性成熟，雌性30岁还能生育。通常可活到25～40岁，少数也有可活到50岁。

科学家用现代生物学技术分析了黑猩猩的DNA遗传物质，发现黑猩猩与人类关系最近，黑猩猩的身体构造、血红蛋白结构也与人相似。对黑猩猩的行为进行研究，对揭开人类的起源具有十分重要的意义。由于生存环境的恶化，黑猩猩的数量急剧下降，已属濒危动物，是国际上重点保护动物，我们要尽力保护好黑猩猩。